大栗先生の超弦理論入門

九次元世界にあった究極の理論

大栗博司　著

ブルーバックス

カバー装幀／芦澤泰偉・児崎雅淑

カバーイラスト／斉藤綾一

本文デザイン・図版／齋藤ひさの
(STUDIO BEAT)

本文イラスト／斉藤綾一・大栗博司

構成／岡田仁志

はじめに

人類は古くから、「空間とは何か」「時間とは何か」と問いかけてきました。私たちは、空間や時間の存在を、当たり前のものとしてふだんの生活で前提にしています。しかし、それが何かをあらためて考えてみると、深遠な問題に突き当たります。現代の私たちは縦・横・高さのある三次元の空間に住み、過去から未来に一様に流れる時間に沿って生きていると感じていますが、空間と時間についての考え方は、科学の発展とともに大きく変わってきているのです。

古代ギリシアの時代から盛んに議論されてきたのは、空間や時間が、その中にある物質とは独立に存在するのかどうかという問題でした。紀元前四世紀の哲学者アリストテレスは、物質で満たされていない純粋な空間はありえないと考え、「自然は真空を嫌悪する」と主張しました。空間も、そして時間も、物質やその運動に付随して定義されるものであり、それらと独立に存在してはいないというのです。

アリストテレスのこの時空概念は、その後、ヨーロッパを二〇〇〇年もの間、支配しました。しかし一七世紀になって、アイザック・ニュートンが最初の革命を起こします。ニュートンは力学の理論を完成するために、物質から独立した「絶対空間」と「絶対時間」の概念を導入します。空間とは、その中で起きる自然現象の入れ物であって、その中で何が起きているのかに関係なく存在する。時間とは、宇宙のどこでも一様に刻まれていくものである。これらは、空間や時間について現代の私たちが持っている感覚に近いものでしょう。ニュートンの力学は現代社会を支えている科学の基礎なので、「絶対空間」や「絶対時間」も、私たちの考え方に染みわたっているのです。

ところが二〇世紀になると、時空概念に第二の革命が起きます。アルベルト・アインシュタインが、空間と時間は絶対不変というニュートンの考え方をくつがえしたのです。アインシュタインは一九〇五年、観測者の速度によって空間や時間は伸び縮みするという特殊相対性理論を発表します。さらに一九一六年には、物質の間に働く重力が空間や時間の伸び縮みによって伝わることを示す、一般相対性理論を発表しました。空間や時間は、物理現象の単なる入れ物ではなく、その中で働く重力と深く関わっていて、伸びたり縮んだりするというのです。

時間や空間が伸び縮みするというのは、なじみのない考え方かもしれません。しかしアインシュタインの理論は、私たちの日常生活でも使われています。スマートフォンやカーナビで使われているGPS（全地球測位システム）が位置を正確に決めるためには、特殊相対性理論や一般相対性理論による時間の伸び縮みを計算に入れる必要があるのです。

ところが、話はアインシュタインで終わったわけではありませんでした。いま、時空概念に第三の革命が起きようとしています。それは、空間とは私たちの「幻想」にすぎないという、とんでもない話です。

重力の働きによって空間や時間が伸び縮みすると主張したアインシュタインは、自然現象の枠組みとしての空間や時間の存在そのものまでは疑いませんでした。しかし、その後の物理学の発展により、その考え方に変更を迫られることになったのです。

アインシュタインが重力の理論（一般相対性理論）を発表してから約一〇年後に、ミクロな世界の法則である量子力学が確立されます。すると、重力の理論と量子力学の間には深刻な矛盾があることがわかりました。それを克服して、両者を統合する理論を建設することが、現代物理学の大きな課題となりました。

本書で解説していく超弦理論は、この課題を解決する理論として提案されたものです。この理論では、物質をつくっているのは粒子ではなく、なにか「ひも」のように拡《ひろ》がったものであると考えます。まだ実験によって検証されたわけではありませんが、物質についてこのような考え方をする超弦理論が、重力の理論と量子力学を矛盾なく統合できる唯一の理論として、また、素粒子について記述する究極の統一理論の最有力候補として、期待されているのです。

物質についての理論である超弦理論は、それとともに空間や時間についての理論でもあります。超弦理論の研究から、空間の「次元」が変化してしまうという驚くべきプロセスが発見されました。三次元だと思っていた空間が四次元になったり、二次元になったりする現象がある。また、同じ現象でも見方によって、三次元で起きているようにも、なんと九次元で起きているようにも見えたりするというのです。

たとえ話をしましょう。私たちの日常の経験では、氷は固く、水は形が自由に変わるもののように感じられます。しかし、ミクロの世界までいくと、この性質の違いは分子の結合のしかたによって説明されます。分子自身に、氷のような性質や水のような性質があるわけではなく、個々の分子を見れば氷と水の区別は消滅してしまいます。膨大な数の分子が集まったときに、その集まり方によって、氷のような性質や水のような性質を持つのです。

また、氷と水の区別のように、「温度」という概念も二次的なものです。私たちはふだんの生活で熱さや冷たさを感じ、それを測るために温度という尺度を使います。しかし、ミクロな世界までいくと、個々の分子が決まった温度を持っているわけではなく、温度とは分子の平均エネルギーの現れにすぎません。分子のレベルでは温度という概念も消滅するのです。であるならば、温度とは、マクロな世界に住む私たちが感じる幻想といってもいいでしょう。

空間の次元も、これらの例と同じであることを示唆しているのが超弦理論です。ある次元が、異なる次元に変化する現象があったり、ある次元で起きていることが、見方によって異なる次元で起きているように見えたりするのでは、空間という概念がはたして本質的なものなのかどうか、疑わしくなってきます。温度が分子の運動から現れるものにすぎないように、空間というものも何かより根源的なものから現れる二次的な概念、つまりは幻想にすぎないのではないか。超弦理論はそういっているのです。

このように書くと、なにやら突拍子もない話のように思われるかもしれません。しかし、物理学者は本来、突拍子もない話を好みません。むしろ、とても保守的な人々なのです。たとえば、いったん確立した理論はそう簡単にはあきらめず、壊れるまで使おうとします。アインシュタインの理論も、できれば変更したくなかった。ですから突拍子もない話をするというのは、物理学者のメンタリティとは相容れないものです。私たち物理学者は、朝、大学に出勤して、「さあ、きょうは時空概念に革命を起こしてやろう」と思って研究を始めるわけではありません。私たちがふだん考えているのはあくまで、個々の物理現象についての具体的な研究課題なのです。

ところが素粒子物理学の最先端を研究していると、重力の理論と量子力学がどちらも重要になってくることがあります。そのためには、重力の理論と量子力学を矛盾なく組み合わせる新しい理論が求められます。そうした必要に迫られて、考えられる理論の選択肢を順番に潰していった結果として残ったのが、物質の基礎が「ひも」であるという超弦理論だったのです。

そして、この理論が数学的につじつまが合っているかどうか確認していく作業の過程で、空間の次元が変化するという驚くべき現象が明らかになりました。つまり私たちは、自然界の基本的な姿を科学の方法で探っていくうちに、やむにやまれず「空間とは何か」を考え直すことになったのです。そのことをみなさんにも理解していただくのが、本書の目的です。

ここで、本書の読み方についてご提案します。

私はこの本を、できるだけ少ない予備知識で超弦理論の最先端までご案内できるように書きました。そのための準備として、第1章と第2章では、量子力学や素粒子論についての基礎的な知識について解説をしています。

しかし、もっと手っとり早く超弦理論の話だけを知りたいと思われたり、あるいは、これらの章を読んでいてつまずきそうになったりした方は、超弦理論の話が本格的に始まる第3章から読みはじめてもさしつかえありません。いったん全体の様子がわかってから、もっと深く知りたいと思ったところを前の章で確認すればよいと思います。

第3章では、物質の基礎となる素粒子やその間に働く力を、超弦理論ではどのように考えるのかを説明します。また、もともとは「弦理論」という名前の理論だったのがなぜ「超弦理論」になったのか。二つの理論の違いと、そのように理論が発展する過程も丁寧に解説しています。

第4章では、超弦理論では「空間の次元が決まる」理由を明らかにします。超弦理論の大きな特徴は、空間とは何次元なのかが決まるところにあります。そこで本書では、なぜ次元が決まるのかの本格的な説明にチャレンジしてみました。ただし、最初は難しく考えずに「超弦理論では次元が決まるんだな」くらいの軽い気持ちで読んでも、その先を理解するのには困らないように書いてあります。

第5章では超弦理論からいったん離れて、重力や電磁気力など、自然界のすべての力に共通する原理についてお話しします。これは「ゲージ原理」といわれるものです。素粒子についての現在の基本的な理論（標準模型）も、そのあとに登場した超弦理論も、その基本にはこの原理があるので、本書では、できるだけやさしく、しかしごまかしのない解説を試みました。ただ、やや抽象的な概念なので、話の筋を見失いそうになったら「ゲージ対称性」という言葉だけを憶えておいて、次の章に進んでも結構です。その先でこの言葉が出てきたら「第5章で説明していた話だな」くらいに気軽に考えていただき、さらに深く知りたくなったときだけ、この章に戻ってきてください。

そのあとの第6章から、いよいよ超弦理論が主役となります。

第6章の、超弦理論が素粒子の理論の花形に躍り出るまでの「第一次超弦理論革命」、そして第8章の、超弦理論の完成度が飛躍的に高まった「第二次超弦理論革命」。この二つの「事件」によって、超弦理論が劇的に進歩した過程を紹介していきます。また、その間の第7章では、私自身が超弦理論に魅せられ、研究にのめりこんでいった経緯についてもお話しします。

そして第9章で、ついに空間は「幻想」になります。私は超弦理論の研究を通して、世界の見方が根底からくつがえるような経験をしました。みなさんにもぜひ、それを経験していただきたい。本書を執筆した動機はそこにあります。

空間が幻想であるならば、時間も幻想なのでしょうか。みなさんも気になることでしょう。過去と未来には、本当に区別があるのでしょうか。そもそも、時間とは何でしょうか。最後の第10章では、こうした時間にまつわる疑問について考えてみます。

各章のはじめには、その章の話題にまつわる文学作品や歴史的文書などを紹介しながら簡単な導入を書きました。また、各章の終わりには箸休めとして、軽いコラムを載せました。これらを拾い読みしながら行きつ戻りつするというのも、本書のひとつの読み方です。

幻冬舎新書から上梓した『重力とは何か』と『強い力と弱い力』では、本文中のイラストもほとんどは私が描きましたが、本書ではイラストというよりダイアグラム（図式）が主であり、また数も多くなったので専門の方に依頼しました。しかし、科学者たちの似顔絵だけは前の二冊と同様に、自分で描きました。彼らの研究の内容を知っている私が描いたほうが、より内面を反映した絵になると思ったからです。

みなさんの興味に応じて、いろいろな読み方で本書を楽しんでいただければと思います。

では、物理学者が「空間は幻想である」と考えるにいたった理由を説明していきましょう。

大栗先生の超弦理論入門

もくじ

第2章 もはや問題の先送りはできない…39

第3章 「弦理論」から「超弦理論」へ…65

第8章 第二次超弦理論革命……189

第9章 空間は幻想である……219

第10章 時間は幻想か…253

第1章
なぜ「点」ではいけないのか

SUPERSTRING

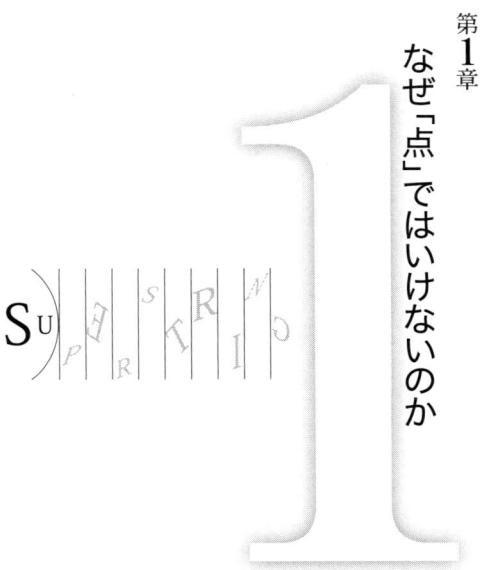

広くはてしない空間に
ぐうぜんたんじょうした
ぼくはどうしてここにいるの

宇宙航空研究開発機構（ＪＡＸＡ）は二〇〇六年から、日本伝統の連歌・連句を発展させた「宇宙連詩」を編纂《へんさん》しています。その第一期の四番目の詩に選ばれたのは、当時小学校二年生だったあさのしゅんさんのこの作品でした。

子供の頃に「私はなぜこの世界に存在するのか」とか、「宇宙はどのようにして始まって、これからどうなるのか」といった素朴な、しかし根源的な疑問を持った人は多いと思います。私たち素粒子物理学者はこうした問いかけを心に抱きつづけたまま、大人になってしまいました。そして、自然界の基本法則を見いだすことによって、こうした問いに科学の方法で答えようと努力しているのです。

「点」とは部分を持たないものである

古代ギリシアの時代から、現代の素粒子論に至るまで、人類は、すべての物質の基本は大きさを持たない「点」のような粒子であると考えてきました。ところが超弦理論では、物質をつくっているのは粒子ではなく、なにか「ひも」のように拡がったものであると考えます（図1－1）。すべてのものが「点」でできていると考えるのでは、なぜいけないのか。まずはそこから話を始めましょう。

紀元前三世紀の数学者ユークリッドは、『原論』を著し、幾何学の基礎を築きました。その第一巻は、さまざまな用語を定義することから始まっています。そして、その最初に置かれたのが「点」の定義でした。それは、こういうものでした。

点とは部分を持たないものである

現代の数学の基準では、これは厳密な定義とは言いがたいのですが、重要なのは、ユークリッドが幾何学を構築するうえで、まず「点」を定義しなければいけないと考えたことです。「部分を持たない」のですから、点には長さも幅もありません。

図1－1　超弦理論では物質の基本単位が「点」ではなく「ひも」

　ユークリッドはこうした定義を与えたあとに、五つの公理を掲げています。たとえばその第一の公理は、「二点があるとその間に直線が引ける」というものでした。図形を描こうと思ったら、まずは点の位置が重要になるわけです。

　ここで定義された純粋に数学的な点と、私たちが日常経験する点とは、同じではありません。数学の教科書には「点A」や「点B」などが黒インクで印刷されていますが、目に見える以上、それは面積を持っています。「部分がない」というユークリッドの定義は、私たちが日常経験している点というものを、数学的に理想化したものといえます。

　やがて、物質が何からできているのかについての探究が進むうちに、物質の基本単位もユークリッドが定義した「点」のようなものだという考え方が現れました。

物質は何からできているか

同じく古代ギリシアの哲学者であったデモクリトスは、すべての物質は点のような粒子である「原子」からできていて、原子は真空の中をたえず動きまわっていると唱えました。物質が持っている色や味などは、原子に特有な性質ではなく、数多くの原子が集まることで生まれるものだと考えたのです。デモクリトスがこの発想に至ったのは、もし海の水をつくっているものが「青」という固有の色を持っているならば、海の波が白い泡をつくることが説明できないではないか、と考えたからでした。

デモクリトスの原子論は、アリストテレスによって批判されます。原子が真空の中を動きまわっているというデモクリトスの主張に対し、アリストテレスは「自然は真空を嫌悪する」として、すべての物質は隙間のない連続体であると考えました。そして、このアリストテレスの考え方が、長きにわたってヨーロッパを支配することになったのです。

デモクリトスの原子論は、一八世紀後半から一九世紀初めにかけて、近代科学の発達によってみごとに蘇ります。物質と物質が反応して起きる化学反応が、すべての物質が原子の組み合わせでできていると考えるとうまく説明できたからです。

図1－2　デモクリトス（右・紀元前460頃-紀元前370頃）と
アリストテレス（紀元前384-紀元前322）

二〇世紀になると、原子は物質の基本単位ではなく、原子の中にさらに構造があることがわかってきました。原子には「原子核」という中心があり、その周りを「電子」が回っているのです。

さらに一九二〇年代に粒子加速器が開発されると、原子核に粒子ビームを当てて、人工的に破壊することができるようになります。これにより、原子核も基本単位ではなく、「陽子」と「中性子」が組み合わさってできていることがわかりました。その後の数十年間は、陽子や中性子が物質の基本単位、すなわち点粒子であると考えられてきました。

しかし、話にはさらに続きがありました。一九六〇年代になると、陽子や中性子も基本単位ではなく、「クォーク」と呼ばれる、より基本的な素粒子からできていることがわかりました。現在のところ、「標準模型」と呼ばれる素粒子理論ではクォークが基本単位、すなわち点粒子であると考えられています。

このように物質の基本単位の探求は、原子→原子核と電子→陽子と中性子→クォークと、玉ねぎの皮を剝《む》くように進んできました。現在の素粒子論では、私たちの身の回りにあるすべての物質は、素粒子の標準模型に含まれる一七種類の点粒子（＝素粒子）の組み合わせでできていると考えられています。ちなみに、この一七種類の中で最後に存在が確認されたのが、二〇一二年に欧州原子核研究機構（ＣＥＲＮ）で発見されたヒッグス粒子でした。

標準模型の問題①暗黒物質と暗黒エネルギー

しかし、自然界の基本となる単位は何かについての探究は、素粒子の標準模型が完成しても終わったわけではありませんでした。いま、標準模型には二つの大きな問題があることがわかっているのです。

一つは、過去十数年の精密な宇宙観測によって、宇宙の大部分は標準模型では説明できない物質でできていることが判明したことです。宇宙には、正体がわからない「暗黒物質」と呼ばれる物質が、標準模型に含まれる物質の五倍以上もあるというのです。標準模型の一七種類の素粒子のどれでもない、未知の素粒子からできていると考えられる暗黒物質の存在は、標準模型が自然法則を記述する理論として不完全であり、新たな素粒子をつけ加える必要があることを私たちにつきつけたのです。

暗黒物質をつくる未知の素粒子を捕まえようとする実験は、いま世界各地で行われています。ヒッグス粒子を発見したCERNでは、暗黒物質が人工的に生成され観測される可能性もあります。もし暗黒物質が検出されれば標準模型をどのように拡張すべきかがわかり、より基本的な法則を求める人類の歩みに新たな章が開かれることになります。

暗黒物質だけではありません。宇宙はビッグバンで始まって以来ずっと膨張してきたと考えられていますが、最近になって、そのしくみが通常の物質や暗黒物質だけでは説明できないことがわかってきました。アインシュタインの重力理論（一般相対性理論）によると、通常の物質や暗黒物質は宇宙の膨張を減速するように働くはずです。ところが、二〇一一年のノーベル物理学賞の対象となった遠方の超新星の観測により、膨張は加速していることが発見されました。これは通常の物質や暗黒物質のほかに、宇宙の加速膨張を引き起こす何かがあることを示しています。その何かは「暗黒エネルギー」と呼ばれ、やはり標準模型の枠内では説明することができません。

標準模型の問題②重力を説明できない

素粒子の標準模型にはさらにもう一つ、大きな問題があります。ニュートン以来、物理学者は、物質とその間に働く力とによって、自然の現象を理解してきました。素粒子の間には力が働いているので、標準模型とは素粒子だけではなく、その力の働き方を説明する理論でもあります。しかし、標準模型では説明できない力があるのです。

自然界には、重力・電磁気力・強い力・弱い力という四種類の力があることがわかっています。「重力」や「電磁気力」については古くから知られていましたが、二〇世紀になると、自然界にはあと二つ、「強い力」と「弱い力」という力があることが発見されました。強い力は、クォークを互いに引きつけあって、陽子や中性子をつくる力です。また、弱い力は、原子核からの放射線の原因となる力です。強い力は電磁気力より「強い」、弱い力は電磁気力より「弱い」ので、このように呼ばれています。あまり専門用語らしくありませんが、二つとも素粒子の間に働く基本的な力です。

標準模型では、電磁気力・強い力・弱い力という三つの力によって起きる現象は説明することができます。ところが、私たちがいちばん身近に感じている力であるはずの重力は、標準模型には含まれていません。電子やクォークなど、質量を持った素粒子の間には重力が働くはずですが、標準模型ではその効果を無視しているのです。

重力を無視するような理論に意味があるのかと思われるかもしれませんが、実は、重力はほかの三つの力と比べてとても弱いのです。そのため、現在おこなわれている素粒子実験には、重力

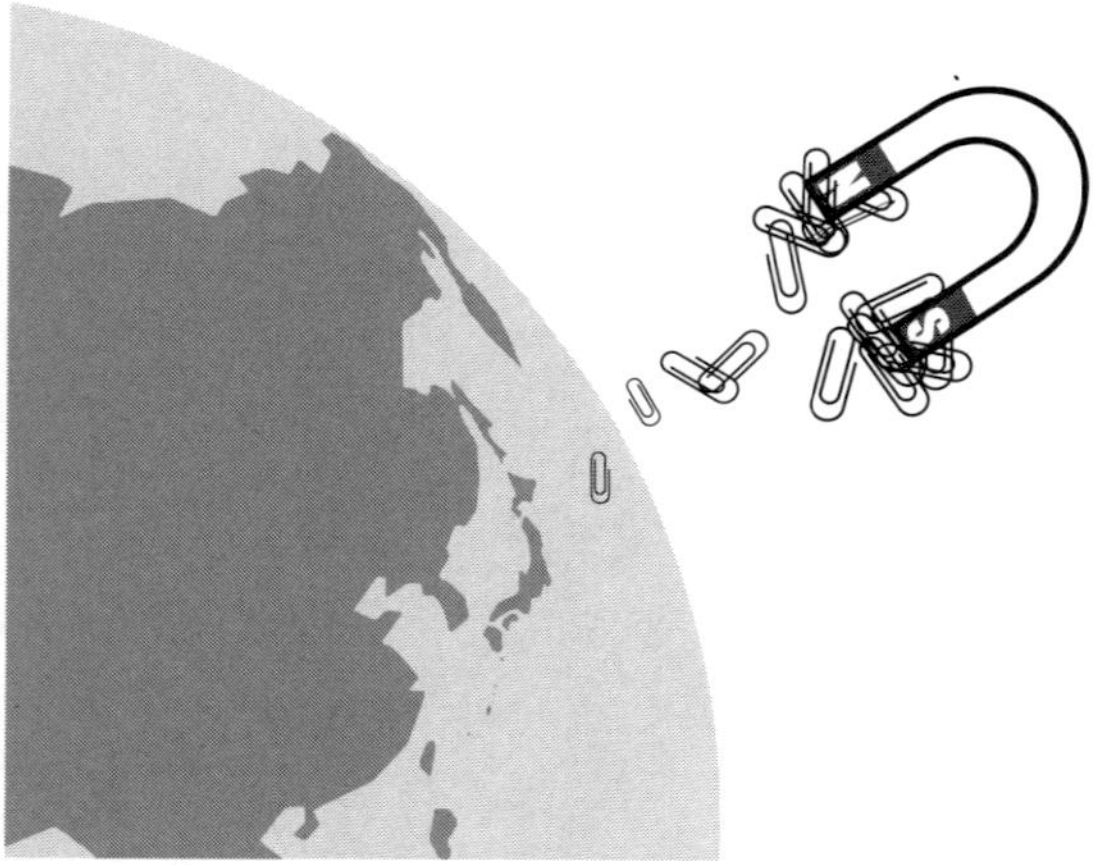

図１－３　60億×10億×10億グラムもの重さを持つ地球の重力は、ほんの数グラムの磁石の磁力に負けてしまう

の影響はほとんどありません。ＣＥＲＮなどでの実験の結果を説明するとき、重力は無視してもかまわないのです。

重力が電磁気力より弱いことは、たとえば机の上に鉄製のクリップを置いて、上から磁石を近づけてみればわかるでしょう。六〇億×一〇億×一〇億グラムもの重さを持つ地球が、重力でクリップを引っ張っているのに、ほんの数グラムの磁石の引力がそれに打ち勝って、クリップはひょいと飛び上がり、磁石に吸いつきます（図１－３）。これは、磁気の力に比べて、重力が弱いことを示しています。

これまでにわかっている自然界の四つの力を強さの順に並べると、

強い力 ＞ 電磁気力 ＞ 弱い力 ＞ 重力

となります。弱い力は名前が示すように電磁気力よりも弱いのですが、重力はそれよりもはるかに弱いので、これまで地上でおこなわれてきた素粒子実験においては、重力を無視した標準模型でもその結果が説明できたのです。

しかし、宇宙に目を向けると、そうはいかなくなります。宇宙がどのように生まれて、これからどうなっていくのかは、重力が決めています。また、宇宙の暗黒エネルギーの正体を解明したり、ブラックホールと呼ばれる天体にまつわるさまざまな謎を解いたりしていくためには重力と素粒子の両方を含む理論が必要であると考えられています。そもそも物理学では、自然界は整合性ある一組の基本法則に支配されていると想定しているので、そこに重力が含まれていないのでは不完全です。そのため、素粒子の理論に重力を組み込むことは二〇世紀からの課題でした。ところが、これから説明していくように、そこには大きな問題があったのです。

遠隔力の不思議を説明する「場」

素粒子の理論に重力を組み込むのが難しい理由は、粒子の間に働く力の伝わり方にありまし

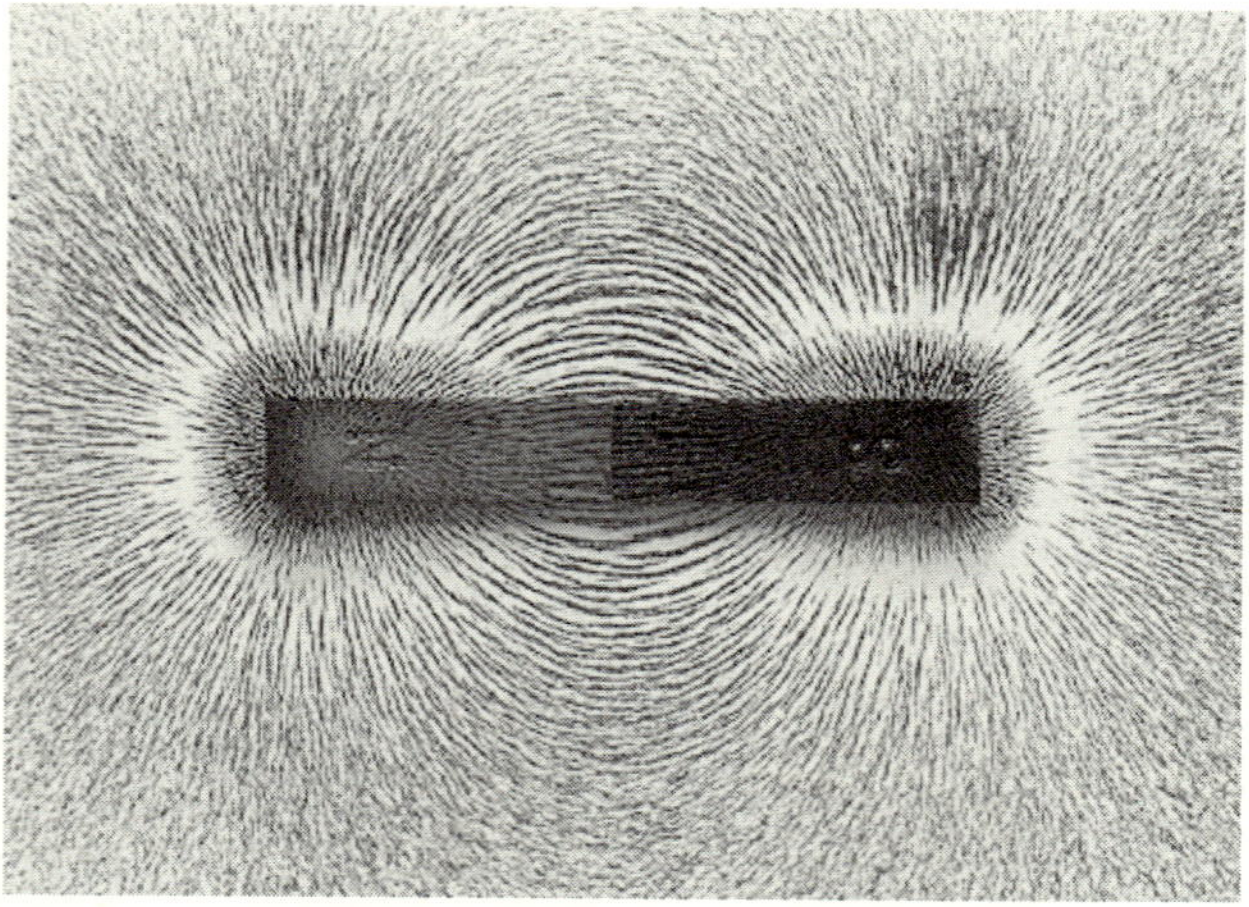

図1－4　磁石の周りに砂鉄を撒くことで「磁場」を可視化できる

た。粒子の間の力を伝える「場《ば》」というものの性質が問題だったのです。そこで、まず、「場」の考え方についてお話ししましょう。

物質の根源を探る研究が進む一方で、磁石や電気などの研究から、自然界には粒子のほかにも、何か物理的な実体があることがわかってきました。それを考えるきっかけになったのは「遠隔力」の存在です。

磁力の存在は、古くから知られていました。磁石を近づけたり遠ざけたりすると、近くにある金属の運動をコントロールすることができるので、なにやら力が働いているということがわかります。しかし、手で押した荷車が動く場合には、荷車に触れている手から直接力が伝わりますが、離れた場所から金属にくっついたり、お互いに反発し合ったりする磁石の力は、人々の目に不思議なものとして映っていました。このように「離れても伝わる力」のことを、遠隔力と呼びます。

「場」という概念は、この遠隔力を説明するために考えられたものでした。物体と物体の間には場という実体があり、それが力を伝えていると考えるのです。たとえば、磁気の力を伝えるのは「磁場《じば》」で、電気の力を伝えるのは「電場《でんば》」というわけです。

物理学の定義でいえば、「場」とは「空間の各点で値（力の大きさや方向など）が決まっているもの」のことです。これだけでは抽象的すぎてわかりにくいでしょうが、それを目に見えるようにする実験は、誰でも小学生時代にやったことがあるはずです。磁石の上に紙を載せ、そこに砂鉄を撒《ま》く実験です（図1－4）。このときに砂鉄が描く模様は、磁石の周囲に生じた磁力線の形です。それを見れば、紙の上の各点ごとに磁気の大きさや方向が決まっていることがわかります。これが「磁場」なのです。

遠隔力は、この磁場や電場などの「場」という考え方によって説明することができるようになりました。たとえば、電子と電子の間に電気の反発力が伝わるのは、電子の周囲に電場があり、別の電子によって電場の状態が変わるからです。

電子があると電場が変化する↓この電場が、もう一つの電子の運動に影響するこれが「電場が電子の間の力を伝える」しくみです。

スコットランド生まれの物理学者ジェームズ・クラーク・マクスウェルは一九世紀の半ばに、電気と磁気のさまざまな現象が、一組の方程式で説明できることを発見しました。それ以後、電場と磁場とは、ひとまとめにして「電磁場《でんじば》」と呼ばれるようになります。

このマクスウェル方程式の重要な意義の一つは、電磁場の波である「電磁波」を予言したことでした。電磁場の方程式を解くと、電場と磁場がお互いに誘導しあって、波のように伝わることがわかったのです。これが電磁波です。しかも、電磁波が伝わる速さは光速であることも、計算からわかりました。つまり光の正体とは、電場と磁場がつくる波、電磁波だったのです。

余談ですが、私が勤務しているカリフォルニア工科大学は理工系の大学なので、構内を歩くと理系オタクとでも呼ぶべき学生によく出会います。彼らは理系テーマのTシャツを誇らしげに着ているので、すぐにわかります。たとえば『旧約聖書』の創世記の有名なくだり、

神はいわれた。

「光あれ」

こうして、光があった。

の「光あれ」の部分をマクスウェル方程式に書き換えたものがあります。Tシャツに書けるほどの簡潔さですべての電磁気現象を説明し、光の起源までも明らかにしたすばらしい方程式なのですから、理系オタクがうれしそうに着ているのもうなずけます。

点粒子だから起きる「無限大」の問題

ところが、このように空間に満ち満ちている電場や磁場などの「場」の存在を、すべての物質が大きさのない「点」でできているという考え方と組み合わせると、ある問題が起きます。そして、この問題が巡りめぐって、素粒子の理論に重力理論を組み込もうとする際の困難につながるのです。それを説明しましょう。ここでは電磁気力を例にとって説明しますが、強い力・弱い力・重力でも同様の問題が生じます。

電子によって起きた電磁場の変化が、ほかの電子へと伝わるのが電磁気力のしくみであることがわかると、ある素朴な疑問が生じました。一つの電子によって生じた電磁場の変化は、変化を起こした電子自身にも影響を与えるのではないか、という疑問です。電磁場は「みんなのもの」であって、発信した電子と受信する電子とを区別しません。したがって発信した電子にも当然、電磁場の影響はおよぶはずです。

ところが、そう考えると困ったことが起きるのです。

電磁場において働く力の強さは、距離の二乗に反比例することがわかっています。これをクーロンの法則といいます。電子と電子の間の距離が近ければ近いほど、大きくなるわけです。すると、電磁場の変化を発信した電子自身が、その電磁場から受ける影響はどうなるでしょう。電子が点だとすると、点には長さも幅もないので、電子から自分自身までの距離はゼロ。クーロンの法則によれば、発信した電子自身が感じる電磁場の強さは、無限大になってしまうのです。

電子が感じる電磁場の強さが無限大になると、何が問題なのでしょうか。ここで重要になるのが、アインシュタインの有名な式、

$$E = mc^2$$

です。この式は、エネルギー（E）と質量（m）とは、実は同じものであることを意味しています。たとえば一円玉の質量は一グラムですが、この質量は$E = mc^2$によって、標準家庭約八万世帯の一ヵ月分の消費電力量にも等しいエネルギーに換算することができます。

電磁場を強くすると、そのエネルギーも大きくなります。そして、電子が感じる電磁場の強さが無限大になると、そこでの電磁場のエネルギーも無限大になります。$E = mc^2$でこのエネルギ

ーを質量に換算すると、これも無限大。これを電子の質量に加えると、電子の質量も無限大になってしまいます。

しかし、もちろんそんなことはありえません。質量とは、その物体の「動かしにくさ」や「止めにくさ」を表す値です。電子の質量が無限大なら、その電子を動かすことは不可能になり、現代社会の基盤になっている電子技術も成り立たなくなってしまいます。

こんなばかげた結論になるのは、何か考え違いをしているのではないか。そもそも電磁場のエネルギーを、電子の質量に含める義理はあるのかと思われるかもしれません。しかし、電子の質量が無限大になってしまうという問題は、$E=mc^2$の発見以前から知られていました。

図1－5
ジョセフ・ジョン・トムソン
（1856-1940）

電子を発見したことで知られる英国の物理学者ジョセフ・ジョン・トムソンは、アインシュタインが$E=mc^2$を発見する二〇年以上も前から、電子のように電荷を持った粒子の質量について考えていました。この粒子を表面に電荷が一様に分布している小さな球体と考えると、その周りには、電場ができます。また球体を動かそうとすると、磁場もできま

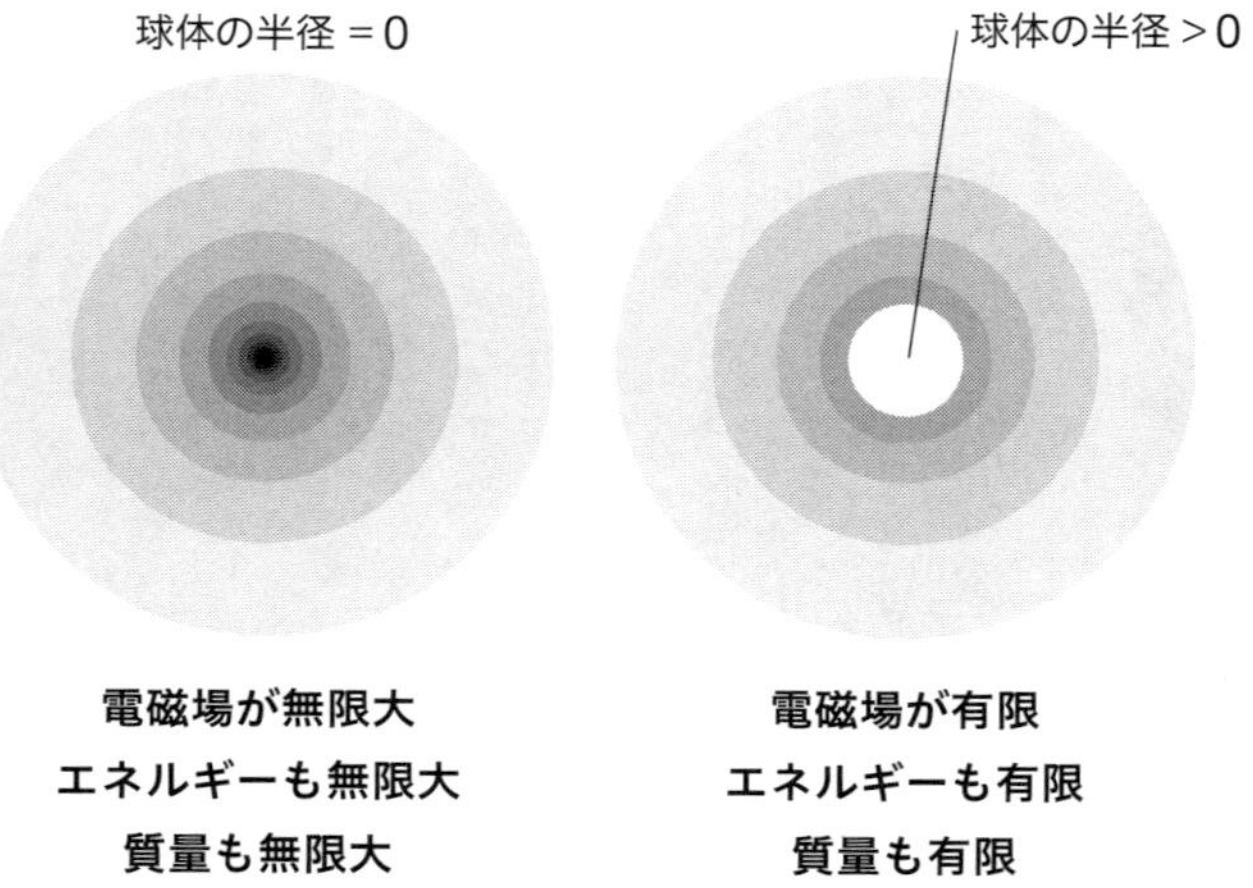

図1－6　球体の半径がゼロならば、電磁場もエネルギーも質量も無限大となる（左）。球体の半径がゼロでなく電荷が球体の表面に分布していれば、電磁場もエネルギーも質量も有限（右）

す。トムソンは計算によって、これらの電磁場は球体を動かしにくくするように働くことを示しました。つまり、電磁場が球体の質量としての働きをするのです。トムソンは、球体の質量は電磁場によって増加すると結論づけました。

そして、このとき球体の半径をゼロ、つまり点であると考えると、粒子が受ける電磁場の強さは無限大となるために、質量の増加分も無限大になってしまうのです（図1－6）。この結果は、アインシュタインの$E=mc^2$を使った計算と同じものでした。

「点」を放棄しないアイデア

電子の大きさがゼロでなければ、電磁場から受けるエネルギーも有限で、それから加算される質量も有限の値に収まります。電子が大きさのない点だと考えるから、電子の質量が無限大になってしまうのです。ならば点粒子などは考えず、電子に大きさがあるとすれば、無限大の問題は解消できるのではないか。超弦理論の発想の原点はここにあります。

しかし「はじめに」でも書いたように、物理学者は保守的な人々です。自然界の基本単位は大きさのない点であるというこれまで慣れ親しんだ考え方を放棄して「拡がりのある素粒子像」などという突飛なものを考える前に、もっと穏健な解決策はないものかと模索しました。そこで提案されたのが、電子がもともと持っていた質量の値で、電磁場のエネルギーの効果を相殺しようというアイデアです。

具体的にはまず、電磁場のエネルギーを起源とする質量のほかに、電子がもともと持っている固有の質量があると考えます。すると観測される電子の質量は、電磁場のエネルギーを換算した質量と、電子固有の質量の和ということになります。

（観測される電子の質量）＝（電磁場のエネルギー）＋（電子固有の質量）

電子がどんどん小さくなって点に近づくほど、電磁場のエネルギーは無限大に近づくわけですが、ここで、電子固有の質量をどんどん小さくしてそれと相殺すれば、電子が点であってもかま

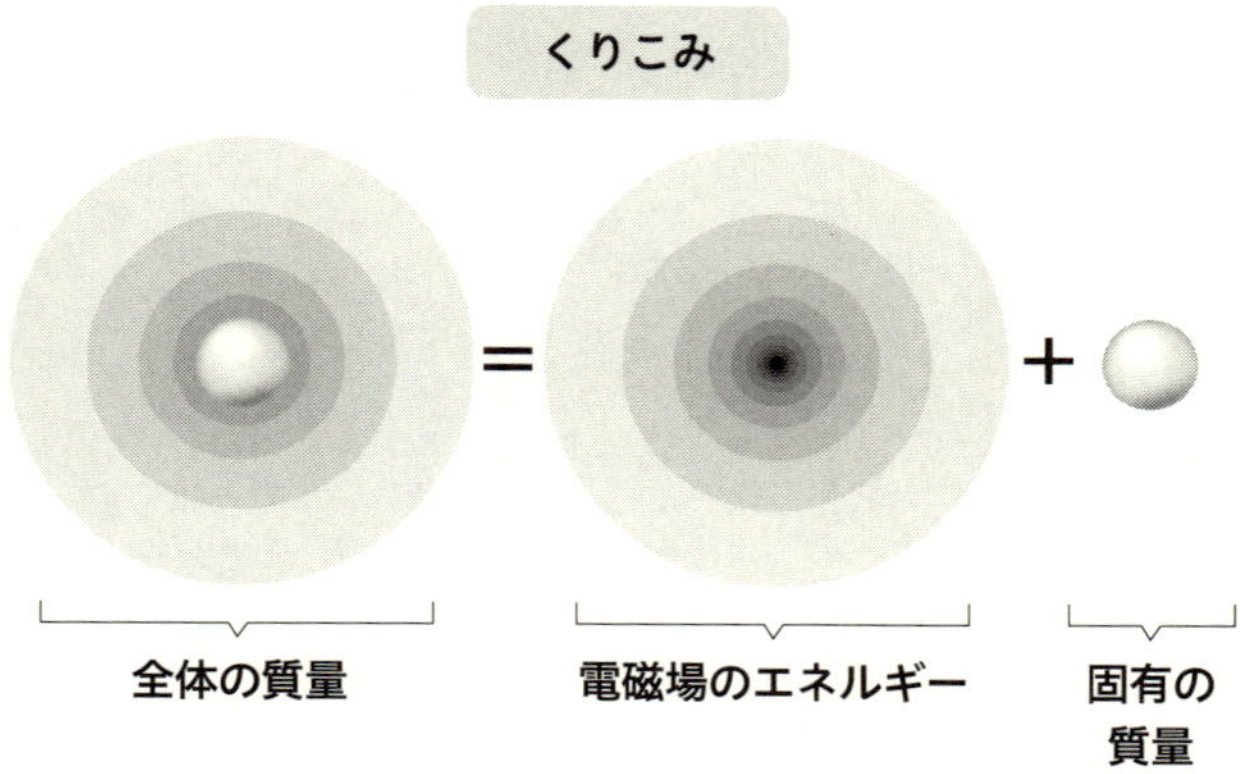

図1－7　電子全体の質量を、電磁場のエネルギーと電子固有の質量の和と考える。電子の半径が小さいと電磁場のエネルギーは大きくなるので、固有の質量を「負の値」にして相殺する

わないではないか、というのがこのアイデアの骨子でした。

電磁場のエネルギーが無限大に近づくと、あるところで電子固有の質量は「負の値」をとらなければならなくなります。無限大の問題を解消するために質量を負の値にするなどという方便を使うのは、なにやらこじつけのように思われるかもしれません（図1－7）。実際、暫定的な解決策というべきものでしたが、「くりこみ」と呼ばれるこのアイデアは、二〇世紀の素粒子物理学の発展に大いに貢献するのです。

しかし、素粒子理論の進歩がある段階にまで達したとき、この方法はついに使えなくなります。次章ではその理由を説明します。

Column

「ひも」か「弦」か

本書で解説する、物質の基本単位は拡がりを持つ「ひも」のようなものであるという理論は、日本の研究者の間では「超弦理論」もしくは英語のまま「スーパーストリング理論」と呼ばれています（「超」がつく理由はのちほど説明します）。「弦」とはバイオリンやギターなどの楽器の弦と同じように、張力を持ち、振動するものであり、その振動の状態によってさまざまな種類の粒子が現れると考えられています。「超ひも理論」という呼び方でも知られていますが、専門の研究者はピンと張って振動するイメージのある「超弦理論」という用語を使っています。

しかし一般の人には、超ひも理論のほうが強い印象を与えるようです。たとえば宇宙物理学者の須藤靖による暗黒物質と暗黒エネルギーについての解説書『主役はダーク』（毎日新聞社）では、

それにしても、世界はヒモでできているとは、けだし至言である。……「世界は素粒子でできている」、ましてや「世界は弦でできている」ではとてもこうは行かない。

として、担当の編集者の次の意見を紹介しています。

数年前に書店で目に入ってきた「超ひも理論」という字面のインパクトはすごいものでした。まじめな研究に「超」などという言葉を使っていいのか、そもそも日常でつかう「ひも」と、そこから遠く離れた（と思っていた）ところで行われる「理論」という二つが直結したときの衝撃。「ひ、ひもですか？　難しいことを〝ひも〟で説明しようとしているのですか？」という力の抜けた感想を抱いてしまいました。

これを読むと、解説書で最初に「超ひも理論」という言葉を使った人は目端が利いていたと思います。

しかし、専門家と一般の人々が異なる用語を使うというのも、妙なものです。先日も、著名な天文学者と話しているときに「大栗さん、超弦理論と超ひも理論というのは、同じものだったのですか？」と聞かれて、びっくりしました。

これはさすがにまずい。一般の人にうけようとして誤解を招くようではいけないと思い、本書では「超ひも理論」ではなく、専門家の使う「超弦理論」という用語で統一することにしました。

第2章 もはや問題の先送りはできない

SUPERSTRING

ニュートリノ　それはとても小さい
電荷も質量も持たない
まったく働きかけもしない
地球なんてつまらないボールで
簡単に通り抜ける
隙間風の吹く広間を横切るメイドのように
ガラス板を通り抜ける光子のように
繊細な気体に見向きもせず
どんなに硬い壁も無視する
鋼鉄や真鍮《しんちゅう》にも冷たいそぶり
小屋の中の種馬をあざ笑う
階級の壁をさげすみ
君や僕の中に忍び込む！
背の高い、痛みを感じさせないギロチンのように
私たちの頭をすり抜け　芝生に落ちる
夜にはネパールから入り

恋する若者とその彼女を突き通す
ベッドの下から
君は素晴らしいと言うかもしれない　私に言わせれば下品だ

米国の小説家で詩人のジョン・アップダイクのこの作品「Cosmic Gall（宇宙の無作法者）」は、一九六〇年に雑誌『ザ・ニューヨーカー』に発表されました。和訳が見つからなかったので、私が自分で訳してみました。「ニュートリノ」と呼ばれる素粒子が発見されたのは、この詩が書かれる四年前のこと。アップダイクは素粒子物理学の最新の話題を、詩の題材に選んだのです。

私たちの体をつくっている原子は、ほとんどが真空で、甲子園球場ぐらいに拡大したとしても、その中心にある原子核は一円玉ほどの大きさにしかなりません。電荷を持たず、原子核や電子からの電磁気の力を感じないニュートリノは、私たちの体もスルリと通り抜けてしまうのです。

詩の二行目には、ニュートリノは「質量も持たない」とあります。ところが、一九九八年に発表されたスーパーカミオカンデの実験結果によって、ニュートリノは質量を持つことがわかりました。この発見によって、アップダイクの詩だけではなく、素粒子の標準模型にも変更が必要になりました。また三行目には、「まったく働きかけもしない」ともありますが、実際にはニュートリノにも弱い力や重力は働いています。しかし、詩にあんまり突っ込むのは野暮ですね。

無限大を解決する二つの可能性

前章では、電子が大きさを持たない点粒子であると考えると、電磁場を変化させた電子自身の質量が無限大になってしまうという問題があることを述べました。この問題を解決するために考えられたのが、次の二つのアイデアでした。

(1) 電子の大きさがゼロではないと考える。

(2) 電子が電磁場のエネルギーを起源とする質量のほかに、電子固有の質量を持っていると考え、この固有の質量によって無限大を相殺する。

電子の大きさがゼロだと電磁場のエネルギーが無限大になることが問題だったので、電子に大きさを持たせるという(1)は自然な発想でしょう。しかし、このアイデアを実際に使うには一筋縄ではいきませんでした。たとえば特殊相対性理論では、観測者の速度によって空間や時間が伸び縮みをします。電子がある観測者から見てゼロではない大きさを持つとすると、それと相対速度を持って運動している別な観測者からは、電子の大きさや形が変わって見えるのです。見方によって変わってしまうのなら、電子の大きさや形を一つに決めることができません。

このほかにも、(1)の「拡がりを持った素粒子像」にはさまざまな困難がありました。

これに対し、電子固有の質量で無限大を相殺するという(2)は、こじつけのようには見えますが、実用的な考え方でした。素粒子の標準模型を構築する際に役に立ったのも、こちらのアイデアでした。その成功の理由を説明するために、ここで少し、「量子力学」とはどのようなものなのかについて簡単に話をしておきます。

光は「波」であり「粒」でもある

量子力学が考えだされたそもそものきっかけは、光は「波」か「粒」かという問題でした。光が「波」のような性質を持つこと、「粒」のような性質を持つこと、私たちはどちらも日常的に経験することができます。

まずは、光が波である証拠をご覧に入れましょう。本書ぐらいの厚みの本を二冊、右手と左手に持って、背表紙と背表紙を合わせてください。そして、二冊の背表紙の間にわずかに隙間を開け、その隙間から明るい方向を見てください。本の帯をつけたままにしたほうが、細い隙間をつくりやすいかもしれません。隙間に縦の縞模様が何本か見えるでしょう(図2-1)。これは波の性質の一つである干渉縞《かんしょうじま》というものです。光の波が背表紙の間を通るときに重なり合って、縞模様ができるのです。光が波だからこそ起きる現象です。

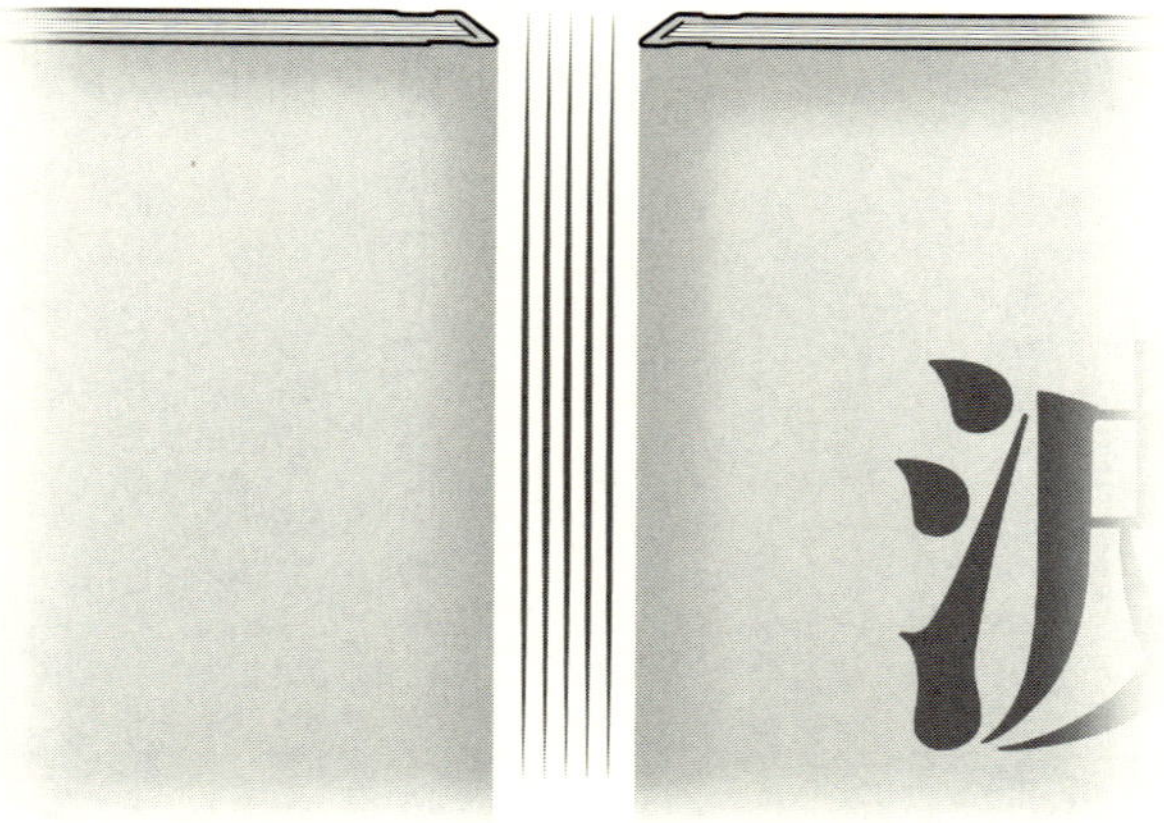

図２－１　本書ぐらいの厚みの本の背表紙どうしを合わせてわずかに隙間をつくり、明るいほうを見ると、隙間に光の干渉縞が見える。これは光が「波」である証拠

また、前章でお話ししたように、光とは電磁波、すなわち電場と磁場が誘導しながら伝わっていく波なので、このことからも光が波であることがわかります。

ところが、光は粒である証拠も、日常生活で目撃できます。二〇一一年に起きた東北地方太平洋沖地震にともなう原子力発電所の事故以後、ガンマ線検出器を個人で所有する人が増えたと聞きます。ガンマ線というのは、ある領域に波長を持つ電磁波のことなので、光の一種といえます。それを感知するガンマ線検出器は、放射性物質のある場所に行くと「カツ、カツ、カツ」と音を立てます。あれはガンマ線の粒が一つひとつ、検出器に入ったときの音です。つまり、光の粒を一粒、二粒と数えているのです。もし光が粒ではなく、波の性質しか持っていなければ、「ザーッ」という連続的な音に強弱がつくだけでしょう。

この光の粒のことを「光子」と呼びます。光とは、電磁波という波でもあるし、また、光子という粒の集まりでもあるのです。

ふだんの私たちの感覚では、波としての性質と粒という性質はまったく別なもので、両立しないように思えます。しかし、光が波であることは、干渉縞を見ればわかる。粒であることは、ガンマ線検出器がカツカツ鳴ることからわかる。どちらも日常生活で経験できることですから、否定のしようもありません。このように波でも粒でもあるという性質を、波と粒の「双対性《そうついせい》」と呼びます。

ミクロな世界の研究が進むと、こうした双対性を持つのは光だけではないことがわかりました。あらゆる粒子は、光子と同じように、波の性質も同時に持っているのです。

たとえば電子にも、波としての性質があります。図2－2は日立製作所の外村彰《とのむらあきら》のグループによる実験の写真です。電子線を使って撮影されたものですが、一つひとつの電子が降り積もっていくと、それらが集まって波のように干渉縞ができることがわかります。そうすると、電子の粒々は、「電子の場」に起きる波の最小単位と考えることができる。電子もまた波でもあれば粒でもあり、波と粒の双対性を持っているのです。

そもそも量子力学とは、粒子が持っている波と粒の双対性を、矛盾なく説明するためにつくら

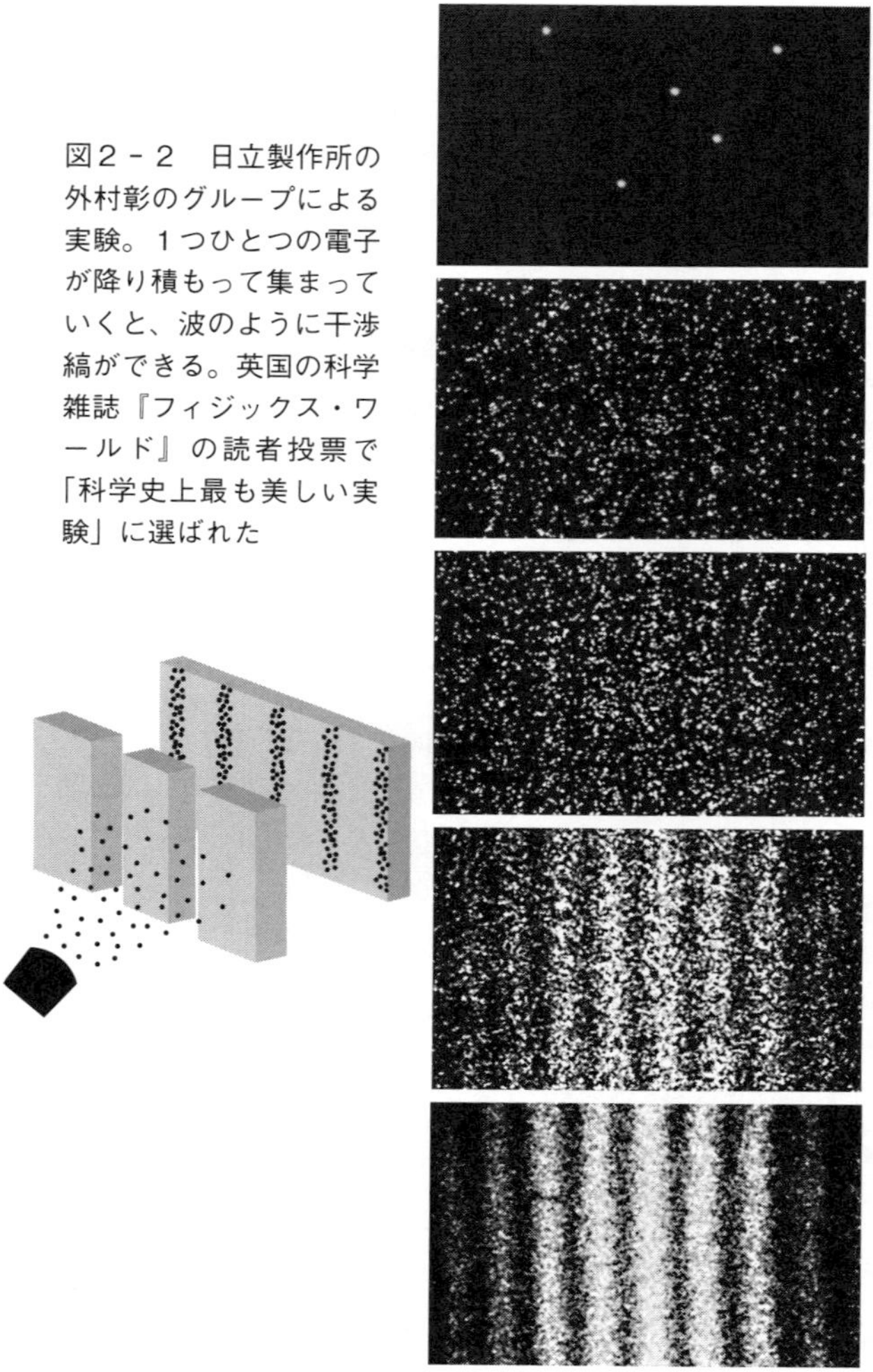

図２－２　日立製作所の外村彰のグループによる実験。１つひとつの電子が降り積もって集まっていくと、波のように干渉縞ができる。英国の科学雑誌『フィジックス・ワールド』の読者投票で「科学史上最も美しい実験」に選ばれた

れた理論です。しかし、双対性の考え方は私たちの直観に反するので、いくら説明されてもなかなか受け入れられない人もいるでしょう。私たちの言語は人類の進化の過程でできたものなので、日常の世界を説明するのには適していますが、原子のようなミクロの世界に行くと、言葉では表現しづらいことがしばしば起きています。

たとえば原子核とその周りを回る電子の間には、ミクロのレベルで見れば大きな隙間がありま す。本章の最初に引用したアップダイクの詩で、ニュートリノが「夜にはネパールから入り 恋する若者とその彼女を突き通す」ことができるのもそのためです。しかし、私たちをつくっている物質が隙間だらけというのも、直観に反することかもしれません。アリストテレスが「自然は真空を嫌悪する」と言ってデモクリトスの原子論を批判したのも、物質の基本単位の間に大きな隙間があるのが納得できなかったからでしょう。

ミクロの世界を扱う量子力学が直観的に信じにくいのは、やむを得ないことです。しかし逆にいうと、自分たちの直観に反するような真実を、理論と実験の積み重ねによって明らかにできるのが人間のすばらしいところだと思います。

「反粒子」から生じる無限大もある

さて、光は波であるとともに粒でもあるという話をしたので、電磁場の働きを光子を使って説明し、この見方から「無限大の問題」を考えてみることにしましょう。

まず、電磁場の変化によって、二つの電子の間に電磁気力が働く様子を考えます。

量子力学では、電子が電磁場を変化させるという現象は「電子が光子を放出している」と見ることができます。また、電磁場の中で電子の運動が影響を受けるという現象は「電子が光子を吸収して運動のしかたを変えている」と見ることもできます。つまり、電磁場の変化によって起きる電磁気力とは、ある電子が光の粒である光子を放出し、もう一つの電子がその光子を吸収するプロセスとして理解できるのです。

電子や光子などを粒と考え、それらの運動や反応の様子を表した図のことを「ファインマン図」（図2－3）と呼びます。ファインマン図では、縦軸で時間の流れ、横軸で空間の位置を表します。図2－3の右は、ある電子が放出した光子を、ほかの電子が吸収している図です。前章では、電子が自分自身のつくった電磁場の影響を受けると、質量が無限大になるという問題があることを述べました。これをファインマン図で表すと、図2－3の左のように、電子が自ら発した光子を吸収する現象と表現することができます。これによって電子の質量が無限大になってしまうのです。

ところが、素粒子の世界ではこのほかにも、さまざまなタイプの「無限大」が現れます。その理由となっているのが「反粒子」の存在です。

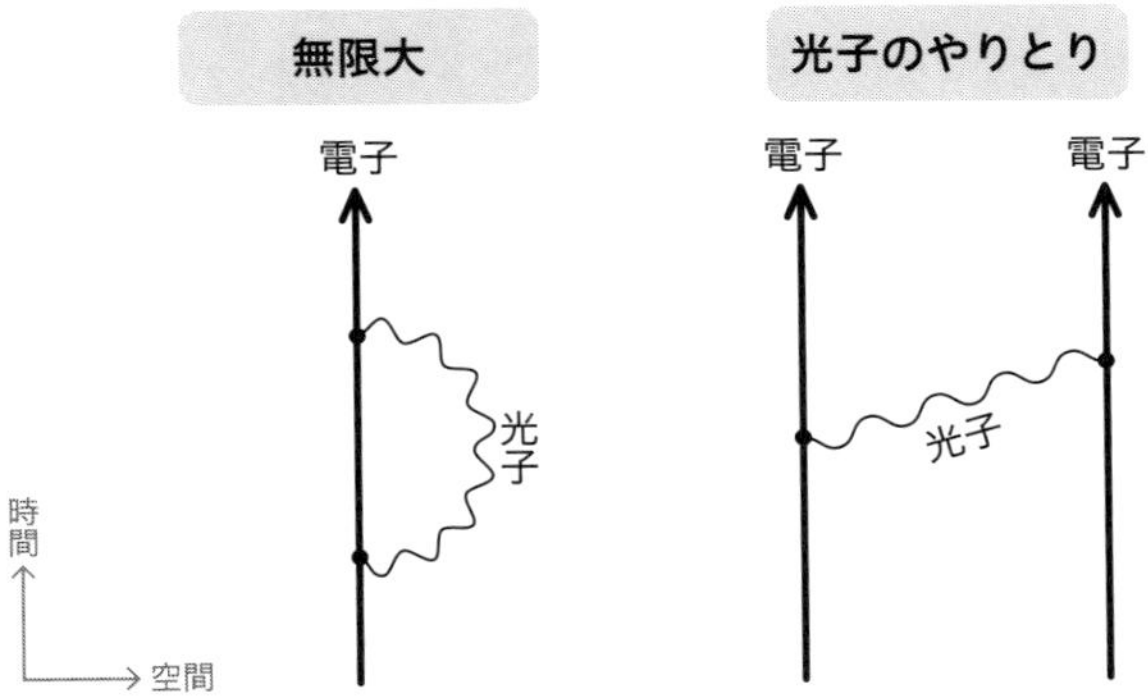

図2－3　ファインマン図
右：ある電子が放出した光子をほかの電子が吸収すると、電子の間にクーロン力が働く
左：電子が自ら発した光子を吸収すると、電子の質量が「無限大」になってしまう

すべての素粒子には、質量はまったく同じで、電荷の正負だけが逆の、反粒子と呼ばれる粒子が存在することがわかっています。たとえば、電子の反粒子は「陽電子」と呼ばれる粒子で、クォークに対しては「反クォーク」があります。ただし、電荷を持たない光子のような粒子は、自分自身が反粒子です。

反粒子が存在すると、次のようなプロセスが考えられます。

電子と陽電子は電荷の正負が逆なので、ペア全体では電気的に中性です。量子力学では、電荷の保存則などで禁止されていること以外は何でも起きうるので、一つの光子が電子と陽電子のペアに変わる可能性もあります。飛んでいる光子が電子と陽電子のペアに変身して、しばらくしてまた光子に戻るとい

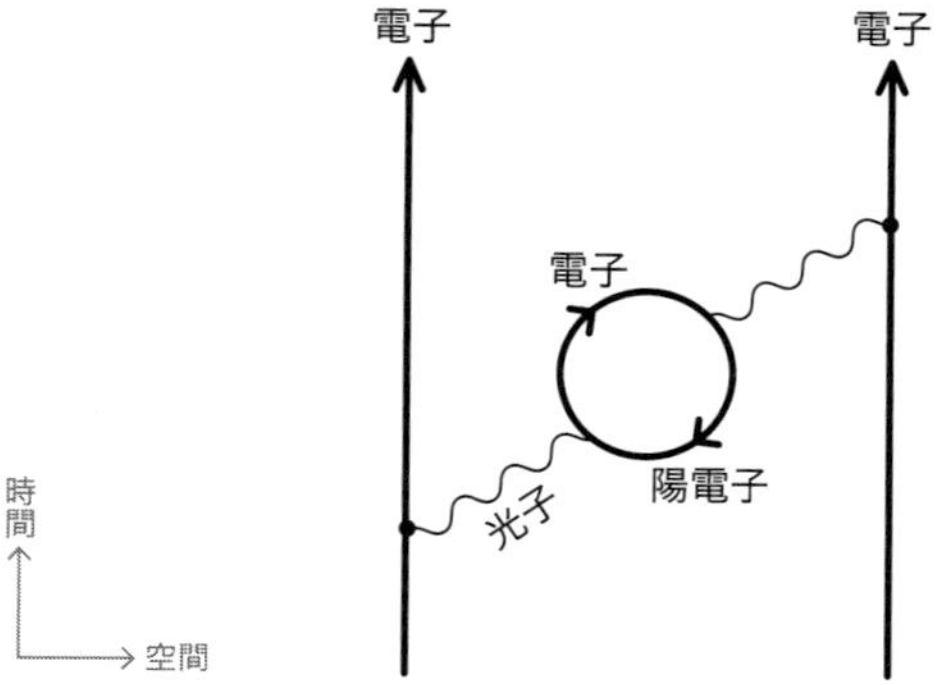

図２－４　光子が電子と陽電子のペアに変わり、また光子に戻ると、電子の間のクーロン力が変更を受けて無限大が生じる

うプロセスがありうるのです（図２－４）。

先にも述べたように、電子と電子との間に働く電磁気力は「光子のやりとり」として理解されます。一つの電子が発した光子が別の電子に吸収されることで、二つの電子の間に距離の二乗に反比例するクーロン力が生まれるのです。ところが、電子が発した光子が、途中で電子と陽電子のペアに変わり、また光子に戻ってから別の電子に吸収されると、光子の伝わり方が変わるために電子の間のクーロン力が変更を受けます。そこでファインマン図からクーロン力がどのように変わるのかを具体的に計算してみると、結果はまたしても無限大になってしまいました。これは、一つの光子が電子と陽電子のペアに変身するときの点と、ペアが光子に戻るときの点とが近づくために起こる無限大です。

電子が自ら発した光子を放出して吸収するプロセス（図2－3の左）では、電子の質量が無限大になりましたが、光子が途中で電子と陽電子のペアになるプロセス（図2－4）では、電子と電子との間に働く力が無限大になってしまうのです。

予想以上に機能した「くりこみ」

しかし、電子の質量が無限大になる問題が、前章で述べた「くりこみ」という方法で電子の固有質量を調節することでとりあえず解消できるように、電子と電子との間の力が無限大になる問題も、くりこみによって電子の電荷を調節することで相殺することができます。

くりこみはリチャード・ファインマン、ジュリアン・シュウィンガーと朝永振一郎《ともながしんいちろう》がそれぞれ独立に開発した方法で、電子の質量や電子の間に働く力が無限大になってしまうような計算から、意味のある結果を引き出すために考えだされました。「くりこみ」という用語は朝永の命名で、無限大を電子の固有の質量や電荷に「くりこむ」という意味です。

しかし、この方法で無限大のエネルギーを相殺するには、電子のもともとの質量や電荷を負の値にするなど、不自然な調節をしなければなりません。そのため当初は、くりこみはあくまで暫定的な方法であって、無限大の本質的な解決策ではないと思われていました。英語に「絨毯《じゅうたん》の下にゴミを隠す（sweep under the rug）」という慣用句がありますが、くりこみも無限大を絨毯の下に隠して、とりあえず見えないようにするだけのもので、いずれはもっと本質的な形で問題を解決する方法が見つかるだろうと思われたのです。

ところが、当初の予想をはるかに超えて、くりこみは精密に機能しました。たとえばコーネル大学の木下東一郎らは、電子の「磁気能率」という物理量をくりこみの方法を使って計算し、実験結果と一兆分の一以下という精度で一致を見ています。これほど高い精度で理論値と実験値が一致した例は、物理学の歴史にも類例がありません。木下らの成功は、「絨毯の下にゴミを隠す」といわれたくりこみの方法が、決してまやかしではないことの証拠です。

なぜ、くりこみはそれほどまで精密な計算を可能にするのでしょう。それは、自然界の法則に「階層構造」があることと深く関係しています。

物理学はこれまで、自然界という大きな「玉ねぎ」の皮を一枚ずつ剝《む》くようにして、そこに働いている法則を明らかにしてきました。当初は原子が「玉ねぎの芯」（基本粒子）だと思われていましたが、よく調べてみると、それは一枚の「皮」にすぎませんでした。そこからさらに、原子核と電子→陽子と中性子→クォーク→……と次々に皮を剝いて、新しい構造を発見してきたわけです。

玉ねぎのそれぞれの層には、そのレベルの現象を説明する法則があります。大まかな性質を知るためにはその法則さえ理解すればよく、その皮を剝いてさらに深い層を調べる必要はありません。たとえば原子の性質は、原子核が陽子と中性子からできていることを知らなくても、ある程度までは計算できます。というのも、原子核の直径は、電子の軌道半径の一万から一〇万分の一程度にすぎないからです。したがって原子内部における電子の運動を理解するときは、原子核を「点」と見なしてもかまわないのです。

実験技術が発達すると、原子核の皮を剝くことが可能になって、そこにより深い法則を見つけることができました。原子核が陽子と中性子からできていることがわかり、それを結びつける「核力」が問題になりました。これを説明したのが湯川秀樹の中間子論です。

陽子・中性子・中間子についても同様でした。これらの粒子の皮を剝くと、その中にクォークがあって、より深い法則にしたがって運動していることがわかったのです。

このように、自然界にはマクロからミクロへの階層構造があり、よりミクロな世界の法則ほど基本的なものであると考えられています。マクロな世界の法則は、ミクロな世界の法則から導かれる。この考え方を「要素還元主義」といいます。マクロの世界の法則は、ミクロな世界の近似であるといってもいいでしょう。

くりこみが可能にした「無知の仕分け」

くりこみが一定の成功を収めることができたのも、この階層構造のおかげです。くりこみとは、ある階層で生じた無限大の問題を、よりミクロな階層へと「先送り」するものだったのです。

電子が自分自身でつくる電磁場の問題をもう一度考えてみましょう。今度は電子ではなく、陽子で考えてみます。

もし私たちがクォークの存在を知らず、陽子が大きさのない点だと考えていたら、陽子のつくる電磁場が陽子自身に働くと、そのエネルギーは無限大になると結論づけることになります。

しかし、実際には陽子は点ではなく三つのクォークからできていて、その電荷はおよそ一〇〇〇兆分の一メートルの半径で分布しています。したがって陽子に働く電磁場は有限です。その下にクォークというミクロの階層があることがわかった時点で、「陽子のつくる電磁場」が無限大になる問題は解消してしまうわけです。

もちろん、陽子がクォークに先送りした無限大の問題は、消滅したわけではありません。クォークのサイズがゼロだとしたら、電磁場はそこで無限大になってしまうのですから、根本的な解決にはなっていません。

しかし、クォーク自身も玉ねぎの芯ではないならば、その皮を剥くとよりミクロな世界が見えてくるのであれば、やはり問題をそちらへ先送りすることができます。いま目の前にある世界が玉ねぎの芯ではなく、その世界の法則が「究極の原理」ではないかぎり、無限大の問題は先送りにできるのです。

このようにして次々に問題を先送りにし、私たちの「知っている世界」と「知らない世界」を峻別《しゅんべつ》できることが、くりこみのメリットでした。それは「無知の仕分け」ともいえるでしょう。提案された当初には、まるで不良債権の処理を先延ばししているような、その場しのぎの考え方のように思われましたが、実は自然界の階層構造を反映した方法だったのです。

重力がくりこみに歯止めをかける

では、このくりこみによる問題の先送りはどこまで続けられるのでしょうか。自然界のすべてを扱える「究極の法則」にまで理論を深めるには、いずれはクリアしなければならない関門がありました。それは、重力です。ところが、重力のことを考えたとたんに、無限大の問題は先送りができなくなってしまうのです。

問題の先送りができるのは、より小さなミクロの世界があると想定されるからでした。そして、原子核の世界よりも陽子の世界のほうが小さく、陽子の世界よりもクォークの世界のほうが小さいとわかるのは、空間の中で長さをきちんと測ることができるからです。ところが、問題をどんどん先送りしていって、重力と量子力学の両方を含むような理論の段階にまで達すると、それよりさらにミクロな理論を考えることに、意味がなくなってしまうのです。

素粒子の世界の基礎である量子力学では「不確定性原理」という法則のために、いろいろな量の値が正確に決まりません。ニュートンの力学では粒子の状態はその位置と速度で指定されましたが、ミクロの世界を記述する量子力学になると、位置と速度を同時には決めることができないのです。位置を指定すると、速度が不確定になる。速度を決めると、場所がわからなくなる。量子力学ではこれを、位置と速度の値の「ゆらぎ」と表現します。

たとえば電気や磁気の力を伝える電磁場に量子力学をあてはめると、電磁場の値がゆらぎます。それだけではありません。量子力学では、電磁場は光子の集まりとして理解されます。そして光子は先ほど述べたように、電子と陽電子の対に変身することもあります。量子力学をあてはめたとたん、電磁場の値がゆらぐうえに、光子が電子や陽電子という違う粒子になったりもするのです。

では、重力に量子力学をあてはめるとどうなるでしょうか。

アインシュタインの一般相対性理論によると、重力の効果で、空間や時間は伸び縮みします。実際、地球の周りを回る人工衛星では地球からの重力が弱いので、時間が速く進みます。スマートフォンやカーナビで使われているGPSは位置の測定に人工衛星からの時報を使っているの

図2－5
アルベルト・アインシュタイン
（1879-1955）

で、重力による時間の進み・遅れを計算に入れないと、位置を正確に決めることはできません。

また一般相対性理論では、空間や時間が伸び縮みして波のように伝わる「重力波」というものが予言されています。私の所属するカリフォルニア工科大学は、マサチューセッツ工科大学（ＭＩＴ）と協力して「ＬＩＧＯ」という観測装置をつくり、重力波を直接検出しようとしています。日本でも神岡鉱山に「ＫＡＧＲＡ（かぐら）」という装置をつくる計画が進んでいます。いずれも長さ三〜四キロメートルほどの真空チューブにレーザー光を走らせ、その長さをつねに正確に測定することで、重力波によって真空チューブの長さが変化する様子を観測しようというものです。

このように一般相対性理論では、重力の効果を空間や時間の伸び縮みで説明します。電磁気力を伝えるのが電磁場だとすると、重力を伝えるのは空間や時間そのものなのです。

そこで、重力に量子力学をあてはめると、時間の進み方や空間の距離がゆらいでしまうということになります。私たちが日常経験する世界では、空間は物理現象の起きる入れ物であり、時間

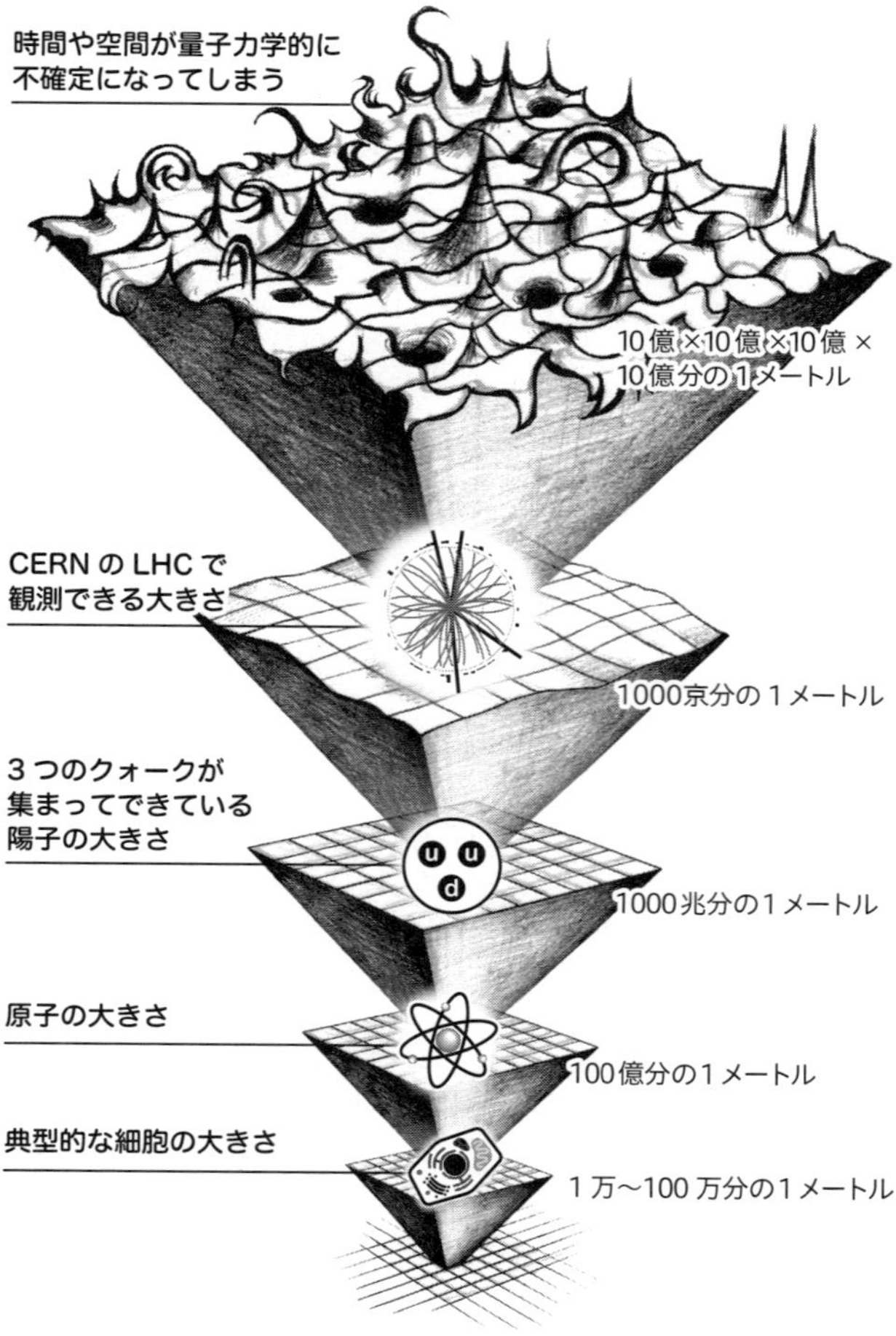

図2－6　空間や時間さえゆらぐ世界

は一様に刻まれていくものですが、ミクロな世界に向かって玉ねぎの皮を剝いていき、重力と量子力学の統合が必要となる世界にまでたどりつくと、そこでは空間や時間さえも、量子力学的に不確定になってゆらいでいるのです（図2－6）。

自然界に階層構造があって、よりミクロな世界の理論のほうがより基本的であるというときには、空間的な距離がきちんと測れることを前提としています。距離が測れなければ、よりミクロな世界とは何を意味するのかさえわかりません。距離がゆらいでしまう世界までたどりつくと、階層構造は変更を迫られるのです。

実際、一般相対性理論に無理やり量子力学の計算方法をあてはめると、くりこみの方法では処理できない無限大が出てしまいます。くりこみは自然界の階層構造を想定したものなので、階層構造が変更を受けるとくりこみが使えなくなるのも当然のことです。

しかも、変更を受けるだけではありません。重力と量子力学が統一される世界までいくと、それよりもミクロな世界は存在しないと考えられているのです。それをご説明しましょう。

ブラックホールは階層構造の終着点

私たちがふつう、ミクロな世界を見るための道具として思い浮かべるのは顕微鏡でしょう。しかし、小学校の理科室などに置いてある光学顕微鏡の分解能は一〇〇万分の一メートルが限界です。これは、たとえば私たちの細胞の中にあって、エネルギーを生産しているミトコンドリアの大きさです。ですから普通の光学顕微鏡では、ミトコンドリアの内部構造は見えません。分解能は観察に使う「波」の波長が短いほど高くなるのですが、可視光を使うかぎりは限界があるのです。

そこで開発されたのが電子顕微鏡でした。これは可視光の代わりに、より波長が短い「電子の波」を使う顕微鏡です。光に波と粒の両方の性質があるのと同様、量子力学ではあらゆる素粒子が波の性質を併せもつので、電子も波として使えるのです。この電子顕微鏡の分解能は、一〇〇億分の一メートル。これはおよそヘリウム原子の直径に当たります。したがって電子顕微鏡では、ヘリウム原子は点にしか見えません。

波長が短いということは、粒子のエネルギーが高いということでもあります。ですから原子の中のさらにミクロな世界を探究するためには、よりエネルギーの高い波が必要です。そこで登場したのが、粒子加速器でした。

二〇一二年にヒッグス粒子の発見を発表したCERNのLHC（大型ハドロン衝突型加速器）は、陽子を光速の九九・九九九九九九九パーセントまで加速することで、一〇〇〇京分の一メートルという分解能を達成しています。光学顕微鏡と比べると、一〇兆倍も小さいものが見えるのです。LHCは高エネルギーを使った「世界最高精度の顕微鏡」だといえます。

では、このように加速器のエネルギーをどんどん高くしていくと、いくらでもミクロな世界が見えてくるのでしょうか。もしそうなら、私たちのミクロな世界の探究には終わりはなく、玉ねぎの皮を剥く作業は無限に続くことになります。ところが、ここに重力の影響を考えると、それには限界があることがわかるのです。

ここで、アインシュタインの$E=mc^2$を思い出しましょう。これはエネルギー（E）が質量（m）と同じものであり、質量がエネルギーに転換できることを表しています。また逆に、エネルギーがあるとそれが質量のようにも働きます。そのため、粒子どうしが高エネルギーで衝突すると、そこには質量の大きなもの、すなわち「重いもの」が生まれます。加速器のエネルギーをどんどん上げていくと、どんどん大きな重力が生じることになります。そして、重力が極端に強くなると、そこにブラックホールができてしまうのです。

ブラックホールはアインシュタインの一般相対性理論における重力方程式の解の一つで、そこでは重力が極限まで強いため、光さえ飲み込まれてしまいます。たとえば私たちの地球を、質量をそのままにして圧縮していくと、重力がどんどん強くなります。半径が九ミリメートルになるまで圧縮すると、重力に逆らって地球表面から脱出するために必要な脱出速度は光の速度と等しくなり、さらに圧縮すると光さえ脱出できなくなります。すると地球もブラックホールになるのです。脱出速度が光速になってしまう表面のことを「事象の地平線」といいます。光速でも脱出できないのですから、それを超えてしまえば、もう誰も戻ってくることができません。

したがって、せっかくエネルギーの高い加速器をつくってミクロな世界を探索しようとしても、そこにブラックホールができてしまうと、衝突の起きているあたりが事象の地平線で覆われてしまい、もはや何が起きているのか観測することができなくなってしまうのです。しかも事象の地平線は、ブラックホールの質量が増すほど大きくなります。エネルギーを高めるほど、観測できない領域が広がってしまうのです。

ブラックホールの存在が加速器実験の邪魔をするようになるのは、粒子のエネルギーをＬＨＣの一京倍にしたときと見積もられています。そのときの分解能は一〇億×一〇億×一〇億分の一メートル。これより短い距離の探索は、加速器実験ではできないことになります。

なお、ここでは加速器による探索を考えましたが、それ以外のさまざまな方法でも、この長さが分解能の限界であることがわかっています。どんな原理を使って分解能を上げようとしても、それより小さなものは見ることができないのです。この長さは、量子力学の開祖であるプランクの名前をとって「プランクの長さ」と呼ばれています。

プランクの長さまでいくと、無限大の問題をよりミクロな世界に先送りにしてきたくりこみは、ついに行き止まりになります。もはや先送りはできません。ここからは、もっと根本的な方法によって、無限大の問題を解決しなければならないのです。

Column 思考実験

ＬＨＣの一京倍の加速器で実験したらブラックホールができる、と本章で書きましたが、もちろんこれは想像上の話です。現在の技術でＬＨＣのような円形の加速器をつくると、その直径は天の川銀河の厚みほどにもなってしまいます。

このように頭の中で実験を設定して、どのようなことが起きるかを理論的に考えることを「思考実験」といいます。これは物理学の研究ではよく使われる手法です。

一八世紀の終わり頃、英国のジョン・ミッチェルとフランスのピエール＝シモン・ラプラスは、星の表面からの脱出速度は星の質量の平方根に比例することに着目して、非常に重い星があれば、そこからは光速でも脱出できないだろう。光すら出られないのだから、その星は暗くて見えないはずだと考えました。これがまさに思考実験です。ミッチェルとラプラスの思考実験の産物「ブラックホール」は現在、宇宙のいたるところで実際に見つかっています。たとえば私たちの天の川銀河の中心にも、太陽の四〇〇万倍の質量を持つ巨大ブラックホールがあることがわかっています。

量子力学の黎明期にも、その不思議な世界を理解するためにさまざまな思考実験が行われました。有名なハイゼンベルクの不確定性原理も思考実験によって発見され、ナノ・テクノロジーの発達によって、現在ではその効果が実験で検証できるようになりました。

量子力学の思考実験といえば、箱の中の猫が生きているのか死んでいるのか量子力学的に不確定になるという「シュレディンガーの猫」も有名です。これもその後、低温実験やレーザーなどによって、猫ではまだ無理ですが、代わりに数個の原子や光子を使って実質的には同じ実験ができるようになりました。二〇一二年度のノーベル物理学賞はこのような量子力学の実験技術の進歩に大きく貢献したフランスのセルジュ・アロシュと米国のデイビッド・ワインランドに与えられています。

このように、提唱されたときには純粋な思考実験であっても、技術が進歩することで実際の観測や実験での確認が可能になるということはよくあります。

思考実験によって物理の理論を極端な状況にあてはめることで、その内容をより深く理解することができます。また、理論の欠陥を明らかにしたり、より深めたりしていくための手がかりとしても使われます。極限状況では理論が矛盾を引き起こし、破綻してしまうこともあるからです。

街中を散歩していても、食事中でも、思考実験はいつでもどこでもすることができます。なにやら考えごとをしながら、ときどきニヤッと笑っている物理学者がいたら、気味悪がらずに「思考実験をしているのだな」と温かい目で見守ってあげてください。

第3章

「弦理論」から「超弦理論」へ

ルクレティウスの原子論では、原子自身が物質の性質を担うと考えなければならない。

……

私は、絡み合ったり編まれたりした渦糸原子を解説するため、図や針金でつくった模型を、王立協会に提出した。こうした渦糸原子には無限の種類があるので、これまでに知られた元素の多様性や同素体の関係を説明するのには十分すぎるほどである。

ウィリアム・トムソンは一九世紀英国の指導的物理学者でした。熱力学などへの貢献に対し爵位を与えられたので「ケルビン男爵」としても知られています。ここに翻訳したのは、彼が一八六七年にエジンバラ王立協会の紀要に発表した論文の一部です。

ケルビンは、デモクリトス流の原子論（この文では、デモクリトスの考えを発展させた「ルクレティウスの原子論」と呼んでいます）に不満がありました。物質の性質を説明するためには、いろいろな種類の原子を用意しておかなければならないからです。実際、当時すでに六〇種類ほどの原子が知られていました。

そこでケルビンは、原子とは点粒子ではなく、一次元に拡がった「ひも」が、さまざまな形で絡み合ってできているのではないかと考えました。絡み合い方には限りがないので、一種類のひもでも、多くの種類の原子を説明できるのではないかというのです。

タバコの煙を吐き出すときに、うまくすると輪ができることがあります。吐く息を調節することで空気の中に渦ができ、これが輪の形になって連なるからです。渦が輪になったところに煙がとらえられると、白い輪ができます。このように渦が連なって糸のように続いていく現象を「渦糸《うずいと》」と呼びます。渦糸には、いったんできるとなかなか壊れないという特徴があります。そこでケルビンは、この渦糸のようなものが原子の正体ではないかと考え、これを「渦糸原子」と呼びました。

ケルビンの提案は、超弦理論の先駆けともいえます。ただし超弦理論で考えるのは、ケルビンが考えたような絡まったひもではなく、弾力のある弦が振動している状態です。その振動のしかたによって、さまざまな素粒子が現れると考えるのです。

根本的な解決をめざした弦理論

日本の物理学界には、かなり早い段階で「拡がりを持つ素粒子」のことを考えた研究者がいました。日本人として最初にノーベル賞を受賞した湯川秀樹です。

湯川は大学を卒業して研究者として歩みはじめたとき、すでに二つのテーマを見定めていました。一つは陽子と中性子を結びつける核力の解明。もう一つは、電磁場のような「場」に量子力学をあてはめる「場の量子論」の問題です。

核力の起源は、その数年後に、中間子理論によって解明されました。しかし湯川の第二のテーマであった場の量子論は、無限大の問題に直面します。湯川は素粒子を「拡がり」のあるものと考えることでこの問題に取り組んだのですが、当時はまだ数学的な手法や場の理論に関する理解などが未熟だったこともあり、なかなか解決に至りませんでした。

それに対して、同じ問題を「くりこみ」という暫定的ながら実用的な方法で解決したのが、朝永振一郎でした。湯川と朝永では、同じ問題へのアプローチがまったく違ったわけです。

現実的な解決策を開発した朝永に対して、湯川のほうは、時代に先駆けたビジョンを追究するタイプの科学者でした。後年には哲学的な思索に傾いたようで、たとえば湯川の著した教科書には、中国盛唐期の詩人である李白《りはく》の「夫天地者萬物之逆旅、光陰者百代之過客（それ天地は万物

図3－1
湯川秀樹（左・1907-1981）と朝永振一郎（1906-1979）

の逆旅にして、光陰は百代の過客なり）」という文章が引用されています。

逆旅とは宿屋のことである。万物はそれぞれ宿屋のどれかの部屋に泊る旅人である。どこかから来て、そこに泊り、やがてどこかへ去る。しかし天地全体が宿屋なら、その外へ出てしまうことはなかろう。同じ部屋に居続けるかほかの部屋へ移るかの、どちらかである。あるいは時あってか旅人は死ぬことによって、この天地から消えてしまうこともあろう。そこで、もしも天地という代りに三次元の空間全体、万物という代りに素粒子という言葉を使ったとすると、空間は分割不可能な最小領域から成り、そのどれかを占めるのが素粒子という

ことになる。この最小領域を素領域と名づけることにしよう。（『岩波講座現代物理学の基礎一〇素粒子論』岩波書店）

私は大学生時代にそれを読んで、「何だ、これは」と仰天しました。しかし、いま考えればこの「素領域」という発想は、重力と量子力学を統合したときに現れる階層構造の行き止まり、プランクの長さのことを予見していたのかもしれません。

図3－2
南部陽一郎(1921-)

湯川と朝永は、ともに旧制第三高等学校から京都大学に進んだ同級生でした。タイプの異なる二人が切磋琢磨しながら、日本人ノーベル賞受賞者の一号、二号となったのです。

場の量子論における無限大の問題は、くりこみで「先送り」することにより暫定的に解決しました。しかし、その前提となる自然界の階層構造は、重力まで含めようとすると行き止まりになります。そこで、根本的な解決法として登場したのが「弦理論」でした。

弦理論を提案したのは、シカゴ大学の南部陽一郎と日本大学の後藤鉄男です。彼らは素粒子を「点」ではなく、一次元的に拡がって振動する「弦」だとすると、当時問題になっていた素粒子の性質がうまく説明できると主張したのです。スタンフォード大学のレオナルド・サスキンドとデンマークのニールス・ボーア研究所のホルガー・ニールセンも同じようなアイデアを発表していましたが、南部と後藤の提案のほうが明快だったので、弦理論のその後の研究では彼らの方法が使われるようになりました。日本の物理学者が二人も、それぞれ独立にこの理論に到達したのは、湯川が早い段階から「拡がりを持つ素粒子」という野心的なアイデアを考えていたことで、日本にはそれを受け入れる素地ができていたからではないかと思います。

一七種類の素粒子が「一種類の弦」から現れる

弦理論の大きな利点の一つは、すべての素粒子を一種類の弦で説明できることです。南部や後藤が弦理論を考えた理由も、そこにありました。

それまでの素粒子論では、電子、光子などを、それぞれ別の種類の粒子として扱ってきました。素粒子の標準模型には一七種類もの基本粒子があります。しかし、それらはみな大きさを持たない点状の粒子なのですから、名札がついているわけでもないのに一七種類に区別されるのは、考えてみると不思議なことです。

ところが弦理論では、すべての素粒子が一種類の弦から現れると考えます。バイオリンの弦がその振動状態によってさまざまな音を奏でるように、素粒子の弦にもさまざまな振動状態があ

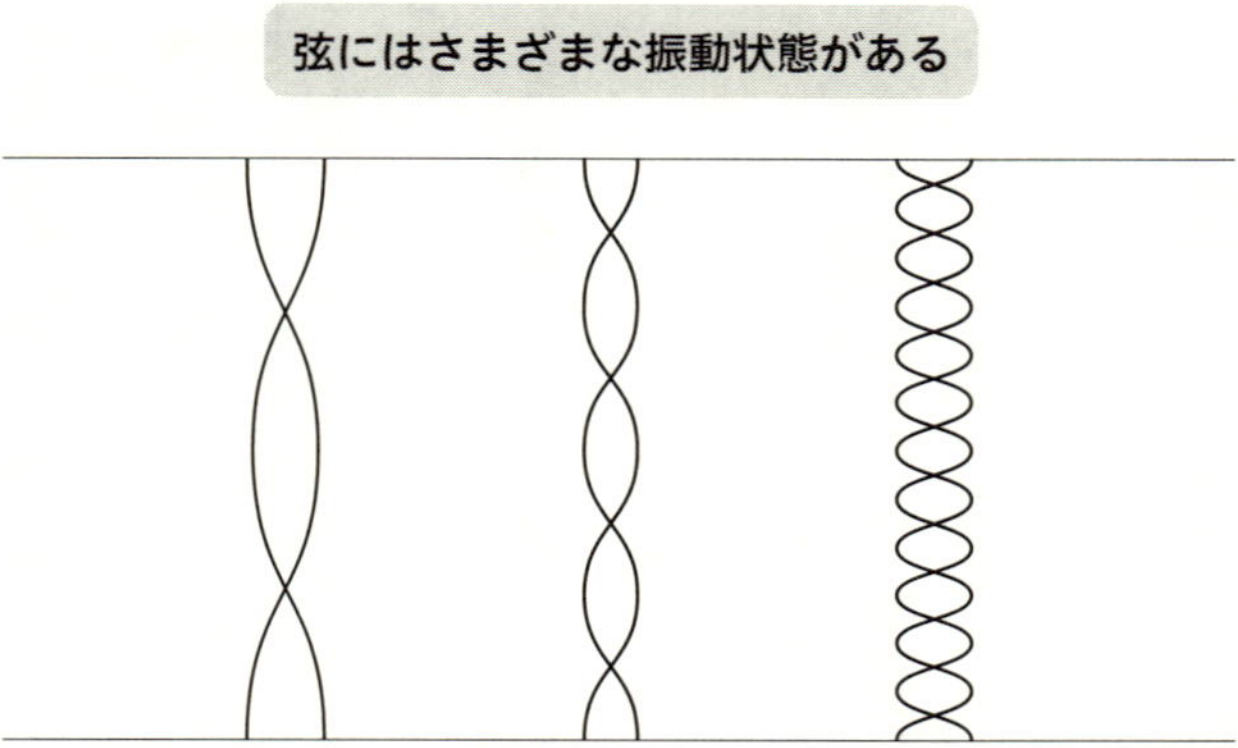

図３－３　弦理論では弦のさまざまな振動状態が、それぞれ異なる種類の粒子に対応すると考える

り、それによって電子になったり光子になったりすると考えるからです（図３－３）。科学の世界には「思考の経済」という考え方があり、できるだけ少ない概念で多くのことを説明できるのがよい理論だとされています。一種類の弦ですべての素粒子を説明しようとする弦理論は、経済的な理論といえるでしょう。一九世紀にケルビンが提唱した「渦糸原子」と同じような考え方です。

　ただし、ここで考えている弦とは、一次元の拡がりを持っているとはいっても非常に小さいものです。ＬＨＣの分解能では、弦は見えません。だから素粒子は点粒子であると考える標準模型と矛盾することはありません。

　すべてのものは弦からできている、と言うと、「では、弦は何からできているのか？」

と聞かれることがあります。ここで、かりに弦が点からできていると考えると、点粒子が基本単位となりますので、無限大の困難が再登場してしまいます。だから弦理論では、弦はそれ以上に細かく分けることはできないと考えます。

しかし弦理論をよりくわしく調べていくと、実は弦も、それどころか弦が振動する空間さえも、何か別の、より根源的なものから現れてくることが明らかになるのです。でもその話は第9章までお待ちいただき、まずは弦がすべてのものの基本単位であると考えて話を進めましょう。

開いた弦はタリアテッレ、閉じた弦はペンネ

弦は一種類ですが、その状態は二通りあります。両端のある「開いた弦」と、両端がくっついて輪になった「閉じた弦」です。74ページの図3－4を見てください。

開いた弦が動くと、その軌跡は平たくて細長い面になります（図3－4の中）。まるで「タリアテッレ」と呼ばれるパスタのようですね。これに対して、閉じた弦が動いた軌跡は「ペンネ」と呼ばれるパスタのように、筒状になります（図3－4の下）。タリアテッレやペンネを横割りに切っていくと、開いた弦や閉じた弦の動きが連続写真のように連なって見えます。

では、素粒子をそのような弦だと考えると、なぜ無限大の問題を解消できるのでしょうか。これについては、75ページのファインマン図（図3－5）を見ながら説明してみましょう。

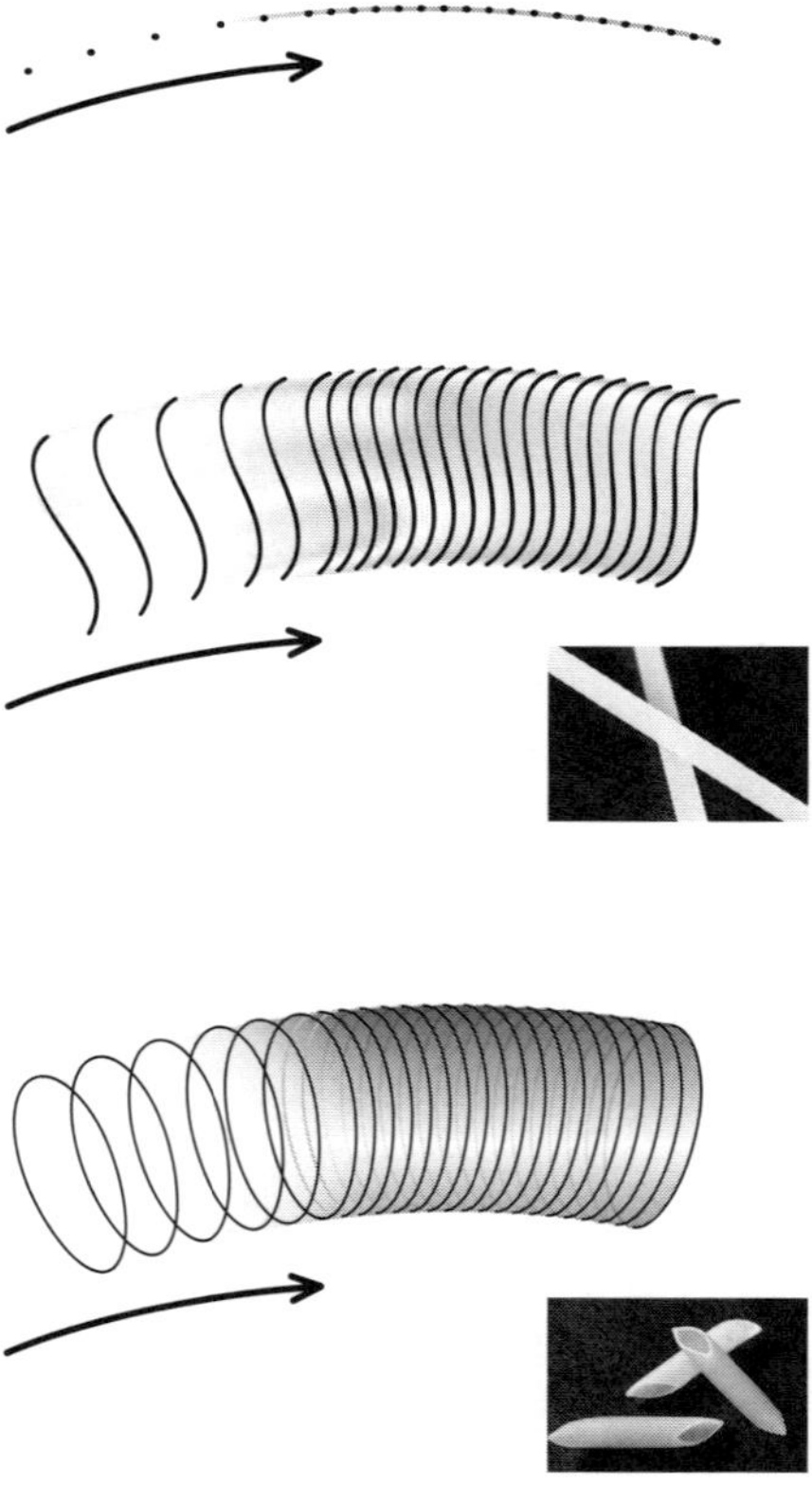

図３－４　開いた弦と閉じた弦
上：点粒子が動くと、その軌跡は曲線になる
中：開いた弦が動くと、その軌跡はタリアテッレのようになる
下：閉じた弦が動くと、その軌跡はペンネのようになる

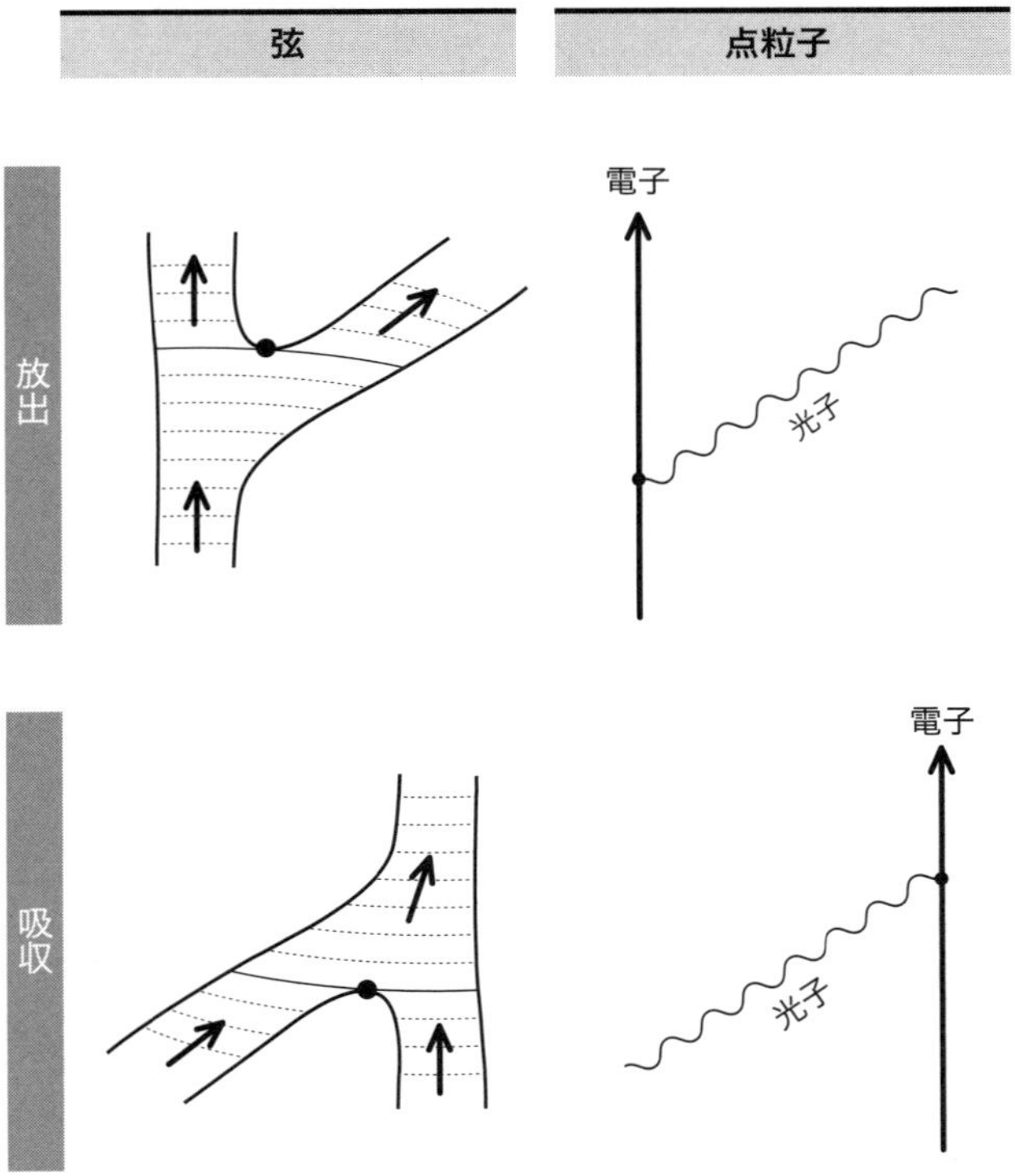

図３－５　**点粒子と弦のファインマン図の比較**
右２点：点粒子の電子が光子を放出・吸収する様子を表すファインマン図
左２点：右の図に対応する弦理論のファインマン図
（破線は弦の軌跡。実線のところで、１つの弦が２つに分かれたり、２つの弦が１つになったりする）

物質の基本単位を点粒子と考えると、電子が光子を放出したり吸収したりする様子はファインマン図では図3－5の右列のように表されます。これに対し、基本単位を弦と考える弦理論では、「電子に相当する弦」の振動状態から「光子に相当する弦」の振動状態が放出されるファインマン図は、図3－5の左列のように表されます。この図を横割りに切っていくと、一つの弦が二つに分かれたり、また、二つの弦が一つになったりする様子が連続写真のようにわかります。

点粒子のファインマン図と弦のファインマン図を比較すると、後者は前者に幅をつけたもののように見えます。素粒子に一次元の拡がりができたので、ファインマン図も太くなるわけです。そしてファインマン図が太くなったことが、無限大の解消につながるのです。

なぜ弦は無限大を解消できるのか

点粒子のファインマン図では、電子は時空間のある一点で光子を放出・吸収していますが、弦のファインマン図では、図3－6を見るとわかるように、一つの弦がどこで二つの弦に分かれたのかを特定することができません。二股に分かれたタリアテッレを横割りに切っていくと、ある一点で一つの弦が二つに分かれたように見えますが、別な切り方をすると、別な点で分かれたように見えます。つまり、同じ形の弦でも、分かれる位置が見方によって変わるのです。

点粒子のファインマン図で質量の無限大が起きるのは、電子が光子を放出した点と吸収した点

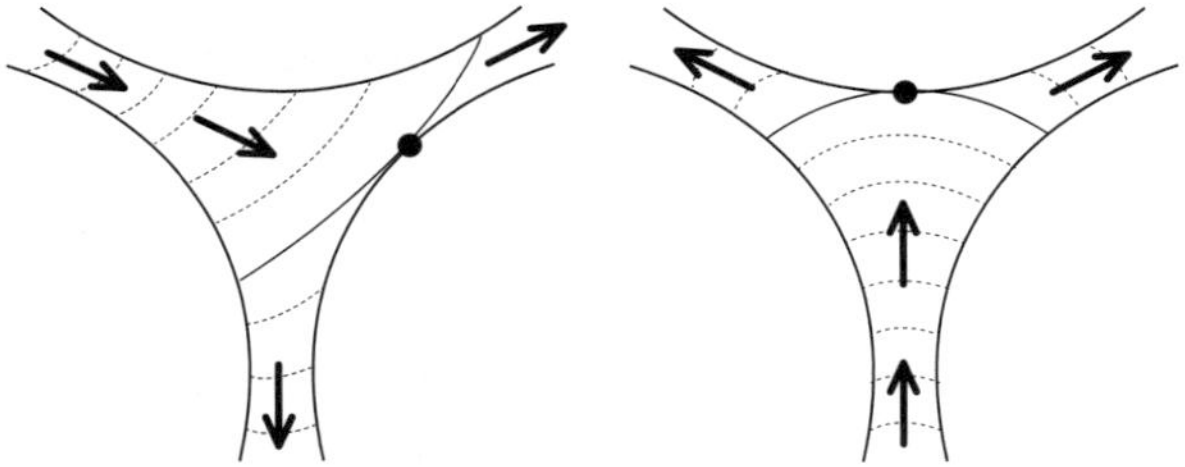

図３－６　同じ二股に分かれたタリアテッレでも切り方を変えると、２つに分かれる点が違うように見える

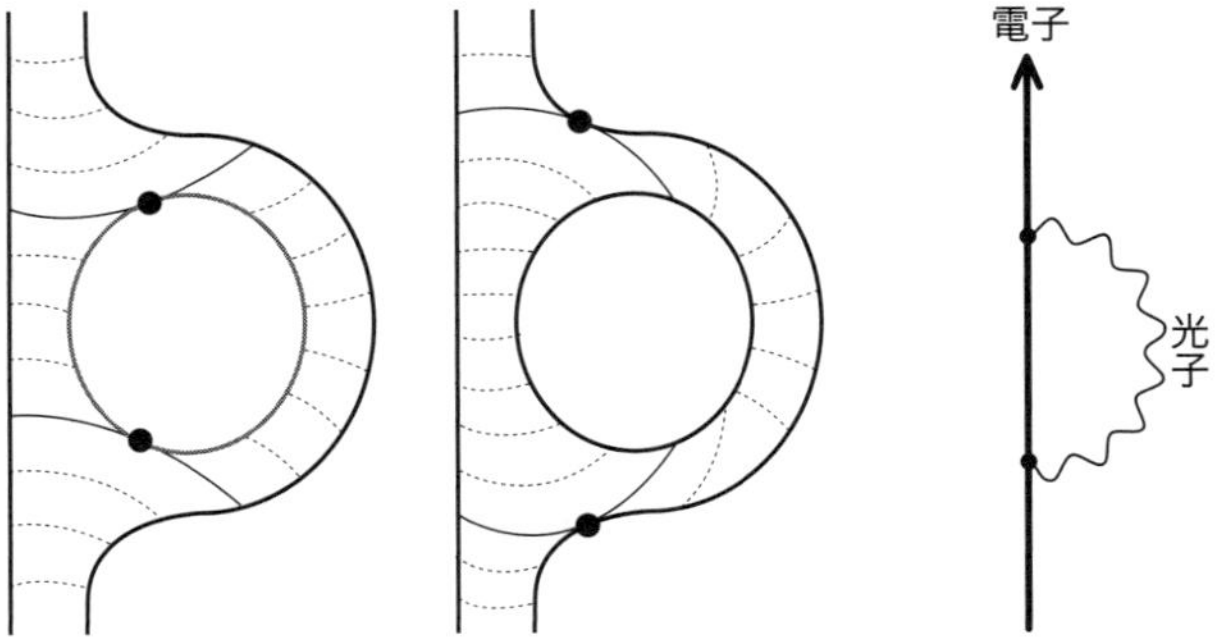

図３－７　点粒子のファインマン図（右）で起こる無限大の問題が、これに対応する弦のファインマン図（中と左）では弦が分割される点と融合する点が特定できないので起こらない

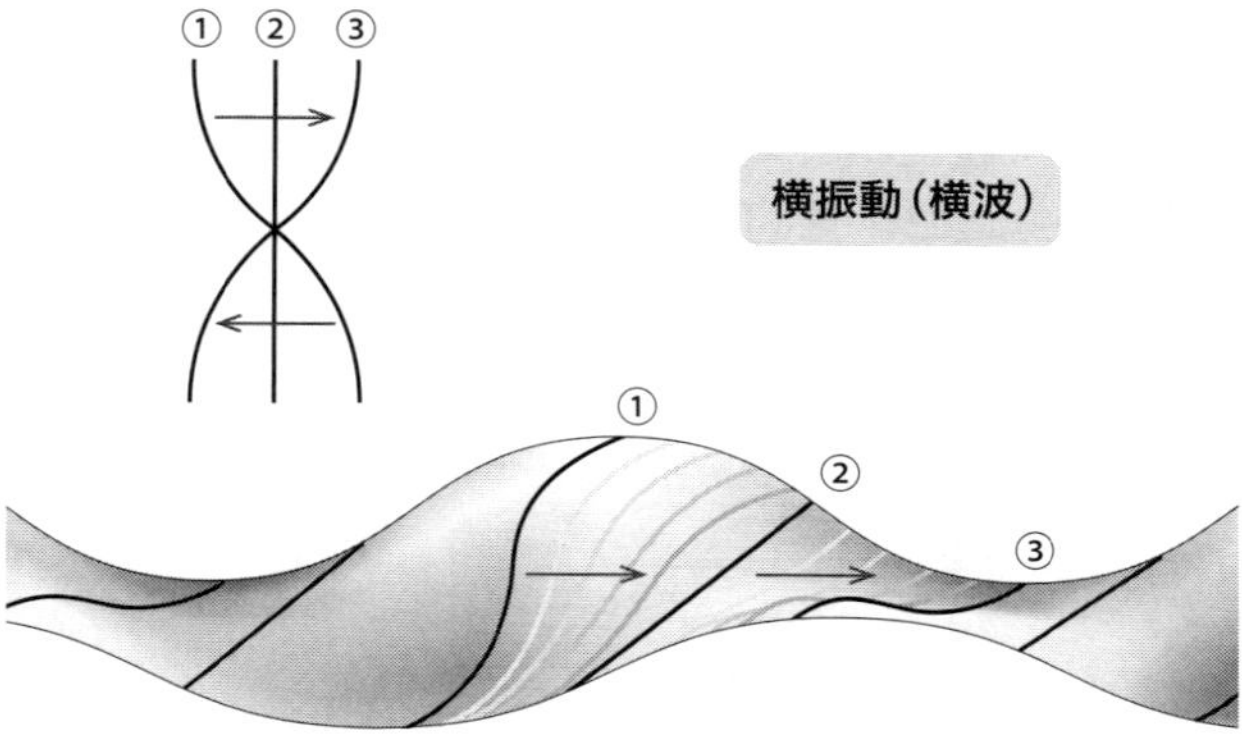

図３－８　弦理論では光子は開いた弦の横振動（横波）から現れると考える

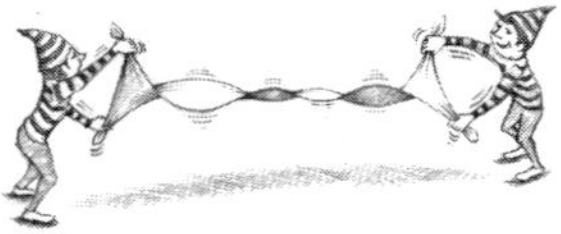

が近づくときです。しかし、これに対応する弦のファインマン図では、見方によって変わるため、弦の放出や吸収が起きた点は特定されません(前ページの図３－７)。したがって、放出や吸収が「同じ点」で起きるということもありえません。また、電子間に働く力が無限大になる問題（50ページの図２－４）も、弦では光子が電子と陽電子のペアに変わる点と戻る点が特定できないため、生じません。

　無限大の原因がそもそも存在しない。素粒子に拡がりを持たせた段階で、弦理論は無限大の問題を解決していたのです。

光子は「開いた弦」の振動

　では、弦の振動から素粒子がどのような形で現れるのでしょうか。

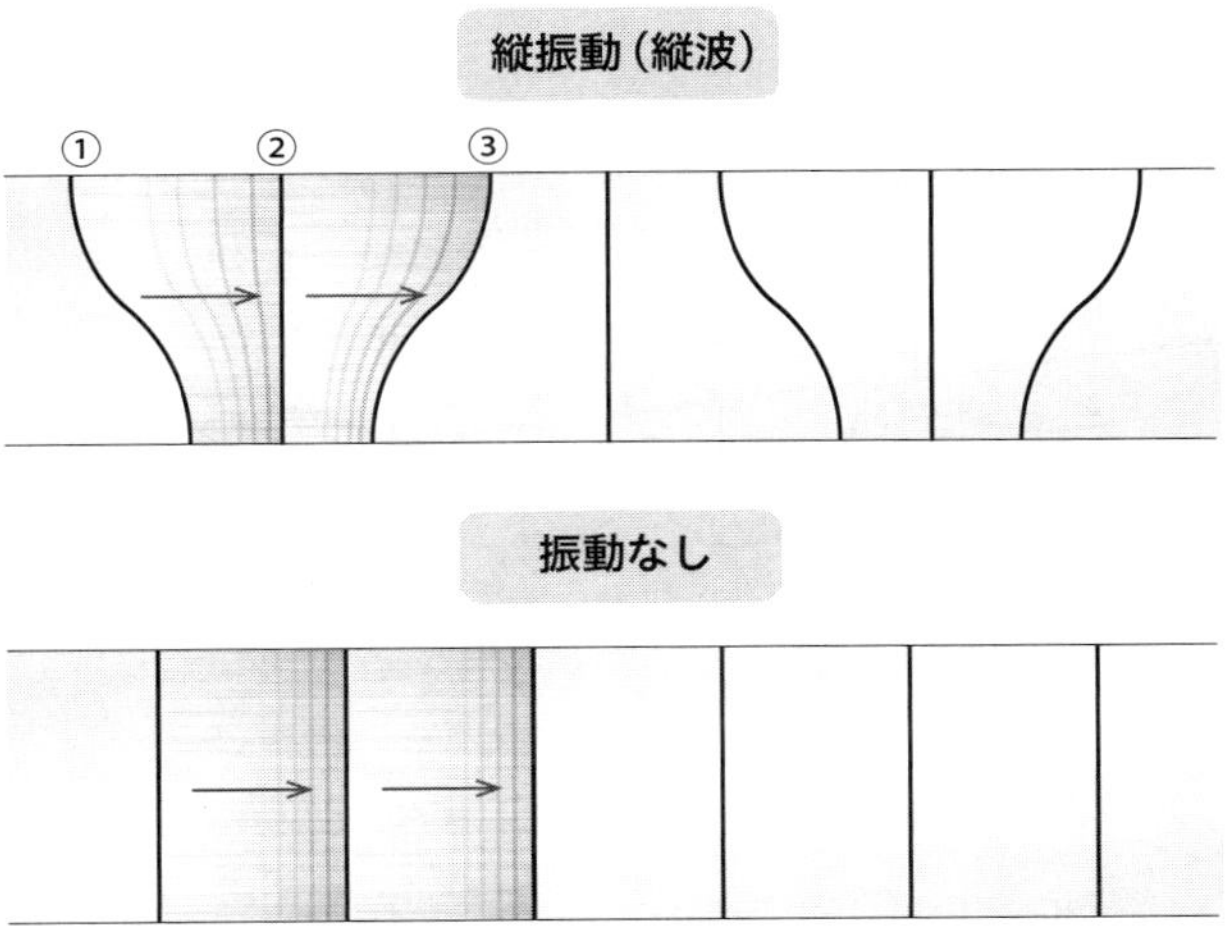

図3－9　上：進行方向に縦振動している弦（縦波）
下：縦振動は振動していない状態と区別ができない

電磁気力を伝える光子は、弦理論では図3－8の上のように開いた弦の振動から現れると考えられています。このときの弦の軌跡を示したものが、図3－8の中の図と下のイラストです。まるでタリアテッレが波打っているかのようです。

この振動の特徴は横振動、いわば「横波」しかないことです。横波とは、進行方向と直交して振動している波のことです。

これに対して、図3－9の上のような進行方向への振動は縦振動であり、「縦波」と呼びます。縦波の軌跡はタリアテッレの形が変わらないので、図3－9の下のように振動していない状態と区別できません。つまり弦の縦波は、振動していない状態と同じといえるのです。

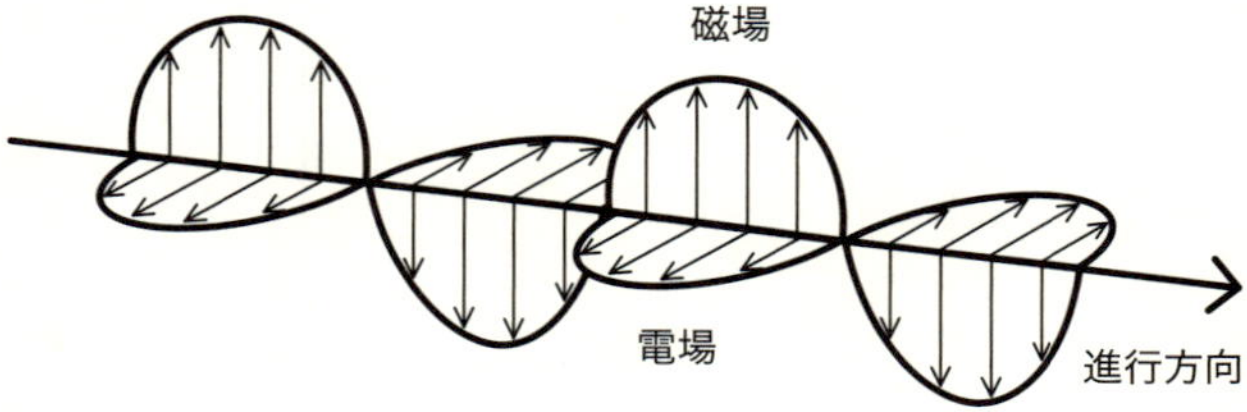

図3－10　電場と磁場には進行方向に直交する横波しかない

これは、光子の性質とうまく合っています。光子は電磁波の最小単位ですから、対応する弦の振動状態も、電磁波の性質を反映していなければなりません。では電磁波の特徴は何かといえば、それは「横波しかない」ということなのです。

波に縦波と横波があることは、地震に関する情報などを通してご存じの方も多いでしょう。地震波には両方の波があり、縦波のほうが横波よりも速く伝わります。そのため、両者が到達するまでの時間差を測ると、震源地からの距離を推定することができます。

しかし波の中には、縦と横のどちらかしかないものもあります。たとえば空気中を伝わる音波には縦波しかありません。地震波の伝わる岩盤は固体なので横方向に振動できますが、空気を横方向に揺らすと元に戻らず、そのまま流れて行ってしまうからです。そのため音波は、空気が進行方向に伸び縮みしながら伝わる縦波になります。

それに対して、電磁波には横波しかありません。電場に電子を置くと電場に沿って加速し、磁場に方位磁石を置くと磁石が磁場の方向を示すように、電場や磁場には向きがあります。その電場や磁場の大きさが変化することで起きるのが電磁波です。そして、電磁波が伝わるときの電場や磁場の向きを電磁波が揺れる方向と考えると、図3－10のようにどちらも電磁波の進行方向とは直交しています。つまり、電磁波には横波しかない。これは図3－8、図3－9に示した弦の振動の性質とうまく合っているのです。

「閉じた弦」は重力を伝える！

開いた弦の振動には、電磁気力を伝える光子が含まれていました。次は、閉じた弦によって現れる粒子です。

開いた弦では図3－5のように、一つの弦が二つに分かれたり、二つの弦が一つになったりしますが、閉じた弦にも同様のプロセスがあります。こうしたプロセスは、一つの弦に着目すると、それが別な弦を放出したり吸収したりしていると見ることもできます。

一九七四年、当時まだ北海道大学の大学院生だった米谷民明は、ある弦が閉じた弦を放出し

図３－11　米谷民明(1947-)

て、別な弦がそれを吸収すると、どんな現象が起きるのかを調べていました。閉じた弦にもいろいろな振動状態が考えられますが、米谷はその中でもいちばん簡単な振動（図３－12）を考えてみました。このような振動をしている弦の放出と吸収によって、何が起きるか――。米谷の発見は驚くべきものでした。二つの弦の間に、重力が伝わっていたのです。

すでに述べたように、電子が光子を放出して、別の電子がその光子を吸収すると、二つの電子の間には電磁気のクーロン力が伝わります。これと同様に、ある弦が図３－12のように振動している閉じた弦を放出して、その弦を別の弦が吸収すると、放出した弦と吸収した弦の間に、両者の質量の積に比例した引力が働くというのが、米谷の発見でした（図３－13）。これにより、弦理論が重力を含む理論であることがわかったのです。

電磁場の理論を量子力学と組み合わせると、電磁波の粒である光子が現れるように、重力の理論を量子力学と組み合わせると、重力波の粒である「重力子」が予言されます。そして、電磁気

図３－12　閉じた弦がこのように振動しながら飛んでいくと、重力を伝える重力子になる

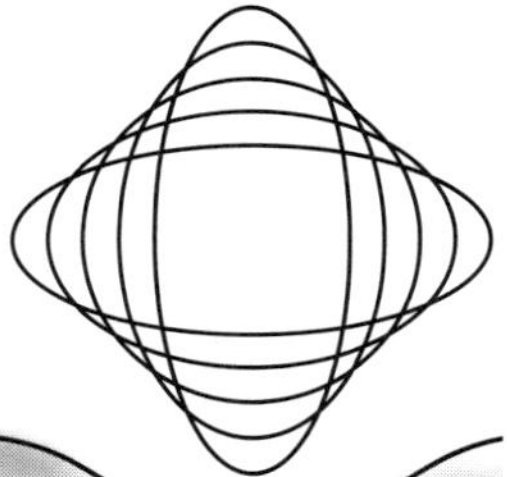

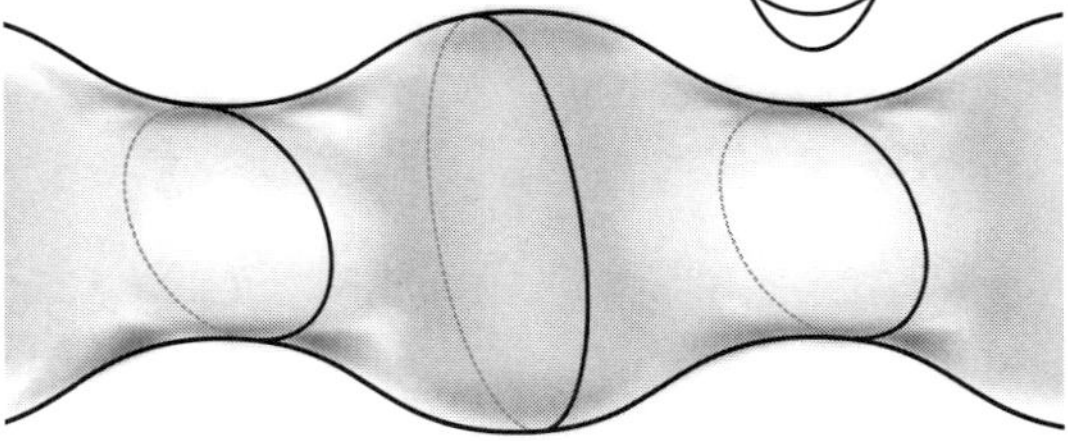

図３－13
上：開いた弦の間には、開いた弦のやりとりで電磁気のクーロン力が伝わる
下左：開いた弦の間には、閉じた弦のやりとりで重力も伝わる
下右：閉じた弦の間には、閉じた弦のやりとりで重力が伝わる

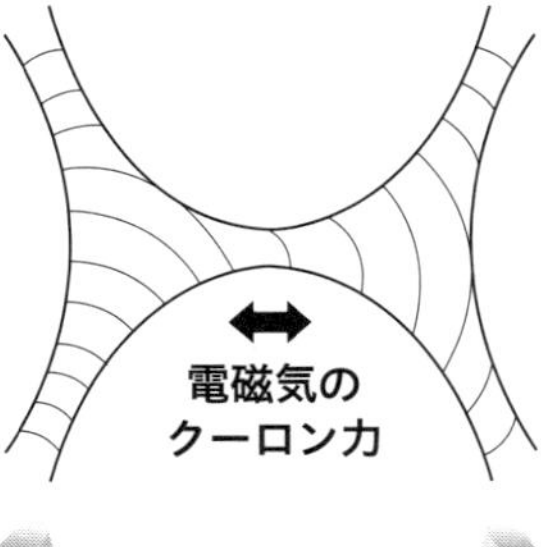

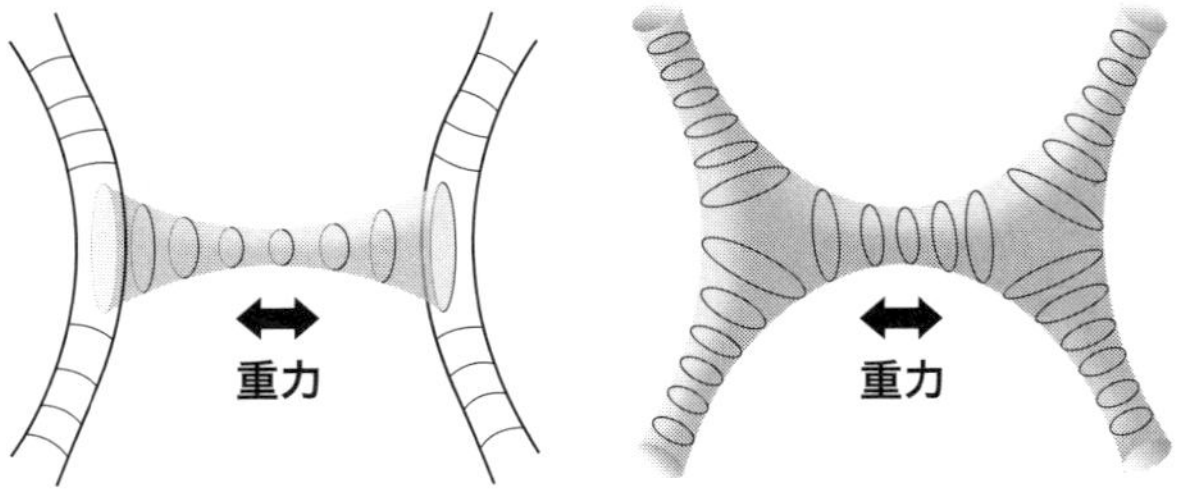

力が光子のやりとりによって伝わるように、重力は重力子のやりとりによって伝わると考えられます。図3－13の下左・下右のように振動している閉じた弦が重力を伝えることから、この弦は弦理論における重力子であると考えることができるのです。

この米谷の発見とほぼ同時期に、米国でもそれに気づいた研究者がいました。カリフォルニア工科大学のジョン・シュワルツと、彼の共同研究者だったフランス人のジョエル・シェルクです。しかも、米谷は閉じた弦が重力を伝えると指摘するにとどまったのに対して、彼らは、そこから弦理論の可能性をさらに広げることを提唱しました。弦理論が重力を含むのなら、この理論こそが、一般相対性理論と量子力学を融合する究極の統一理論に違いないと考えたのです。

米谷は当時のことを回顧して、次のように語っています。

この提案は当時としてはあまりに大胆ですし、根拠が薄弱で、誰もあまり信じなかったのですが、勇敢にも、彼ら（シュワルツとシェルク）はそういう論文を書いたのです。私は当時はまだ一人ぼっちで研究している大学院生にすぎず、「統一理論」とまで勇敢に主張するほどの勇気はありませんでした。

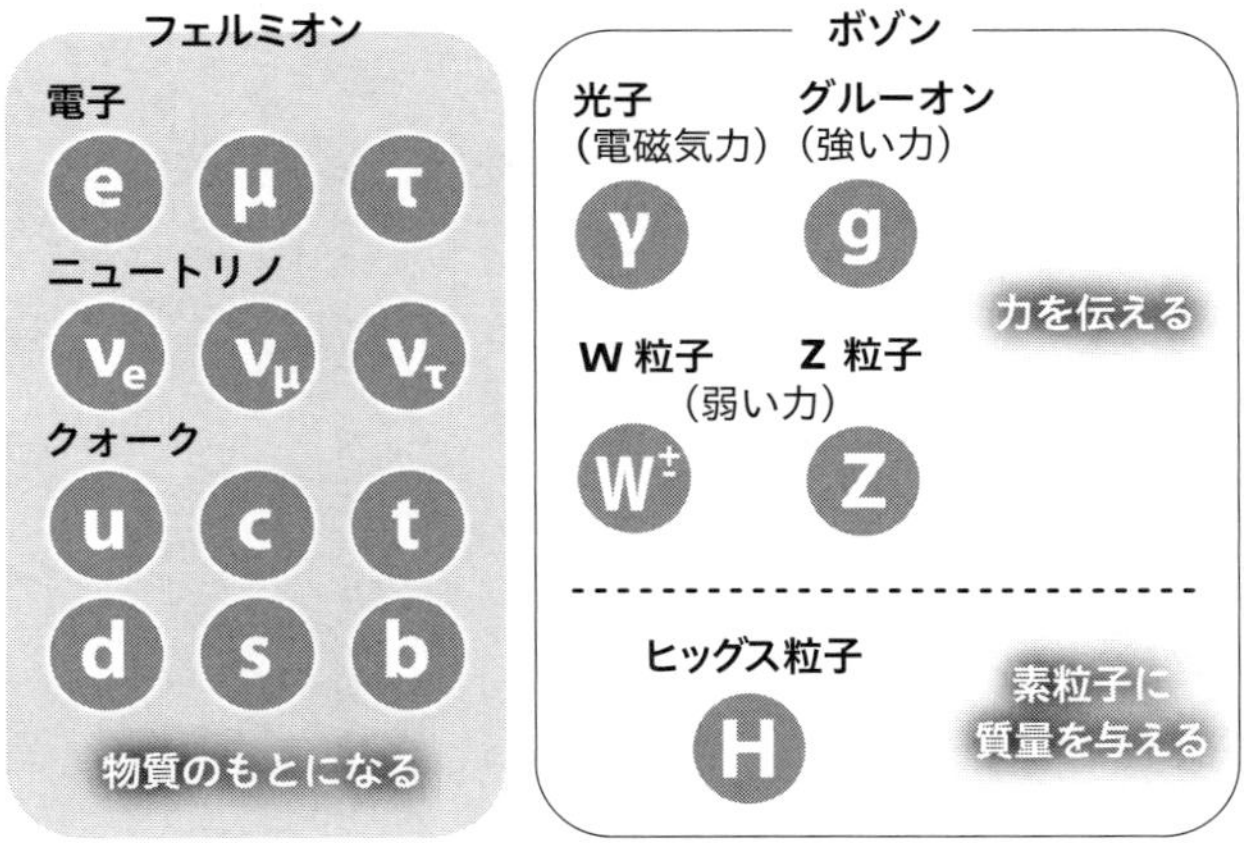

図3－14　素粒子の標準模型

弦理論と超弦理論の違い

ところで、これまで話をしてきたのは南部と後藤が提案した「弦理論」についてでした。そろそろみなさんも気になっていることでしょうから、ここで、弦理論と、そこから発展した「超弦理論」の違いを説明しておきましょう。

素粒子の標準模型では一七種類の素粒子を、物質のもとになるフェルミオンと、物質の間の力を伝えるボゾンとに大別します（図3－14）。電子・ニュートリノ・クォークなどはフェルミオンです。そして、その間に働く電磁気力・強い力・弱い力を伝える光子・グルーオン・W粒子・Z粒子はボゾンです。二〇一二年にCERNのLHC実験で発見されたヒッグス粒子もボゾンです。重力は素粒子の標準模型に含まれていませんが、未発見の重力子も、重力を伝えるボゾンです。

実は南部と後藤の弦理論には、ボゾンしか現れませんでした。先ほどは、粒子を弦と考えることであらゆる粒子を一つに統一できると述べましたが、弦理論の時点では、電子やクォークなどのフェルミオンが含まれていなかったのです。

しかし、そのあと登場した超弦理論では、ボゾンだけではなく、フェルミオンも弦の振動状態として理解できるようになりました。そこが、弦理論と超弦理論の違いなのです。

「超空間」とはなにか

では、どのようにして弦理論にフェルミオンを採り入れることができるようになったのでしょうか。そのために考えられたのが「超空間」という空間です。

その名のとおり、超空間は普通の空間ではありません。では、「普通の空間」とは何でしょうか。普通の空間では、空間の中の位置を特定するのに、数字の組を使います。たとえば、直線の上の点の位置は、一つの数字で決まります。この数字のことを「座標」と呼びます。平面の上の点の位置ならば、二組の数字が座標になります。このようにして場所を特定するのに必要な座標の数のことを「次元」と呼びます。直線は座標が一つですむので一次元、平面なら二次元です。

私たちが住む三次元空間では、位置を特定するには三つの数字（縦・横・高さ）が必要です。たとえば碁盤の目のように区画された京都の町で待ち合わせをするとき、縦と横の通りの名前を伝えれば住所はわかります。しかし、私たちが二次元の平面の上に住んでいるのならそれで十分ですが、私たちの空間には「高さ」もあります。「四条河原町の髙島屋で会いましょう」と伝えただけでは、何階で待てばいいのかわかりません。「六階の喫茶店で」と「高さ」まで伝えて初めて、位置が特定できるわけです。「四条」「河原町」「六階」が座標であり、この三つを指定しないと場所が決まらないので、私たちの空間は三次元なのです。

普通の空間では、この座標が「普通の数」で表されます。ところが超空間では、座標が普通の数ではないのです。

普通の数、たとえば2は、何度でもかけ算をすることができます。2×2は4、2×2×2は8、2×2×2×2は16、…という具合にどんどん数が大きくなっていくだけで、途中で答えがゼロになってかけ算ができなくなることはありません。

ところが、数学の世界では、この常識がいつも通用するとはかぎりません。同じ数どうしをかけると、答えがゼロになってしまうという不思議な数があるのです。ここで、そのような数をθと書くことにすると、

$$\theta \times \theta = 0$$

となってしまうのです。もちろん、普通の数では（それ自身がゼロでないかぎり）このようなことは起きません。こうした奇妙な性質を持つ数のことを「グラスマン数」と呼びます。

超弦理論では、このグラスマン数も座標に使う超空間という空間を考えます。しかし、なぜ、このような数を持ち出す必要があるのでしょうか。それは、フェルミオンとボゾンの性質の違いのためです（図3－15）。

物質を形成するフェルミオンは、ある状態を一つの粒子が占めると、別の粒子が同じ状態をとることができません。これは、たとえばコーヒーカップという物質を同じ空間に二つも三つも置けないのと同じことだと思えばいいでしょう。物質は空間を占有するので、複数のカップを上に重ねたり横に並べたりすることはできても、同じ空間に重ねることはできません。

それに対して、ボゾンは同じ状態にいくらでも粒子を詰め込むことができます。ですから、もしボゾンだけの世界に通勤電車があったとしたら、満員すし詰めに見える車両でも乗客がはみ出すことはありません。いくらでも詰め込めるので、決して満員にはならないのです。

同じ状態にいくらでも詰め込めるというボゾンの性質は、力を伝えるという役割と関係があります。力には、強弱をつけることができるという特徴があります。たとえば、重い星の上では強

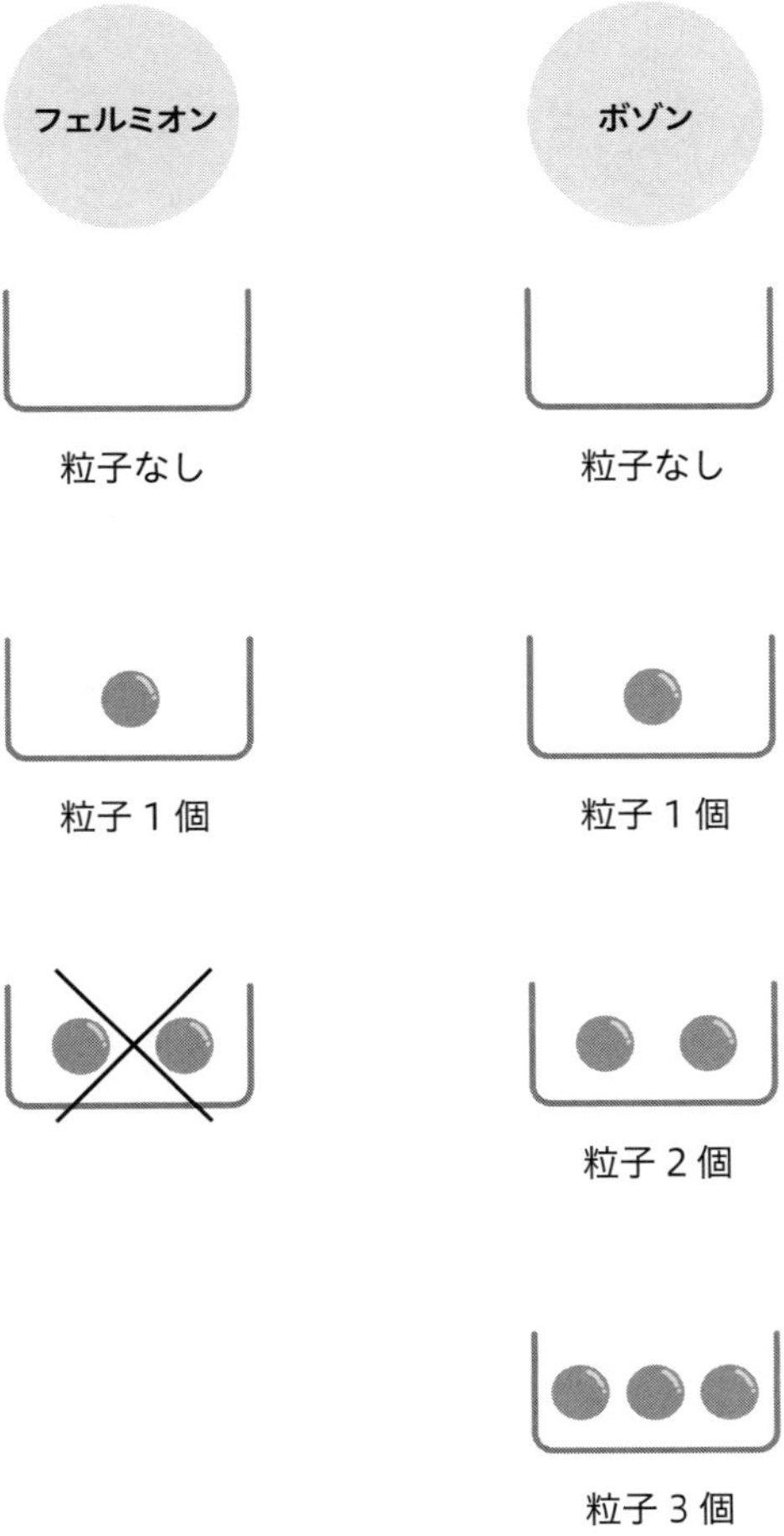

図３－15　右：ボゾンはいくらでも粒子を詰め込める
左：フェルミオンは同じ空間に１個だけしか入れない

い重力が働いていますが、軽い星の重力は弱い。この重力の強弱は、それを伝えている重力子の数で決まります。磁石にも強弱がありますが、これも電磁気力を伝える光子の数で決まります。同じ状態に重力子や光子をいくつでも詰め込めるので、重力や電磁気力に強弱がつけられるのです。これはほかのボゾンでも同じことで、力の強さは、それぞれの力を伝えるボゾンの数で決まるのです。

さて、南部と後藤の弦理論では、このような性質を持つボゾンだけが現れました。彼らが考えたのは、2×2＝4、2×2×2＝8、…と何度でもかけ算ができる普通の数を座標とする空間で振動する弦でした。南部と後藤の計算をくわしく見てみると、同じ状態にいくらでも粒子を詰め込むことができるというボゾンの性質は、何度でもかけ算ができるという普通の数の性質に由来していることがわかります。普通の座標を使っているかぎりは、弦の振動からフェルミオンをつくることはできないのです。

これに対してグラスマン数は、$\theta\times\theta=0$のように、一回かけると、もうそれでおしまいです。一つの状態には一つの粒子しか入れないというフェルミオンの性質は、実は、一回かけるとそれで終わりになるというグラスマン数の性質に由来しているのです。

そして、普通の数のほかにグラスマン数も座標として使う超空間では、グラスマン数で示される方向に振動する弦を考えると、そこからフェルミオンが現れるのです。

グラスマン数の座標を考えると、弦理論にフェルミオンも含めることができるようになる——これに最初に気がついたのは、米国のフェルミ国立加速器研究所の研究員だったピエール・ラモンでした。そしてラモンのアイデアを、さきほど重力子のところで登場したシュワルツと、フランスからの留学生だったアンドレ・ヌブーが補って生まれたのが、超弦理論でした。ですから、ラモン、シュワルツ、ヌブーの三人が、超弦理論の創始者とされています。

「超対称性」とはなにか

このように、超空間の中の弦理論を考えると、ボゾンだけではなく、フェルミオンも現れます。超弦理論とは、超空間の中の弦理論なのでその名がついたといってもよいでしょう。

ただし、超弦理論の「超」にはもう一つ、別の意味があります。「超対称性」という概念の「超」です。超対称性もやはり、普通の対称性ではありません。では「普通の対称性」とは何でしょうか。本書ではこのあと、対称性という考え方が大切になってきますので、超対称性の前に、まず対称性とは何かについて簡単な話をします。

対称性とは、見方を変えても性質が変わらないということです。たとえば、見る方向を変えても同じように見えるときは、回転対称であるといいます。二次元の平面は回転しても変わらないので、「回転対称性」があります。二次元平面の場所を指定するのに（x、y）の座標を使うと、平面の回転は座標軸の回転として表すこともできます。私たちが住む三次元空間にも回転対称性があります。実際、電磁場のマクスウェル方程式や重力のアインシュタイン方程式は、三次元空間で回転させても式の形は変わりません。

このように、自然界の法則にはみな、回転対称性があるということができるのです。

この考え方はまだ新しく、確立されたのは近代になってからでした。古代ギリシアのアリストテレスの世界観によると、三次元空間は回転対称ではありませんでした。アリストテレスはすべての物が上から下に落ちるのは、物質そのものに「本来の場所」である地球の中心に戻る性質があるからであり、「上下」の方向には本質的な意味があると考えたのです。この考え方は「地動説」を唱えたコペルニクスに始まる近代世界観によって、ようやく覆されました。上下が特別な方向であると私たちに感じられるのは、私たちが住んでいる地球が重力を及ぼしているからであって、自然界の法則それ自身は、回転対称性を持っているのです。

超対称性とは、この回転対称性の概念を超空間にまで拡張したものです。超空間の座標は、普通の数とグラスマン数の両方からできています。普通の二次元平面の回転対称性は図3-16の右のようにxとyの座標軸の回転と考えられますが、図3-16の左のように普通の数xとグラスマン数θの座標軸の回転を考えるのが超対称性です。超空間での回転対称性なので、超対称性と呼ぶのです。

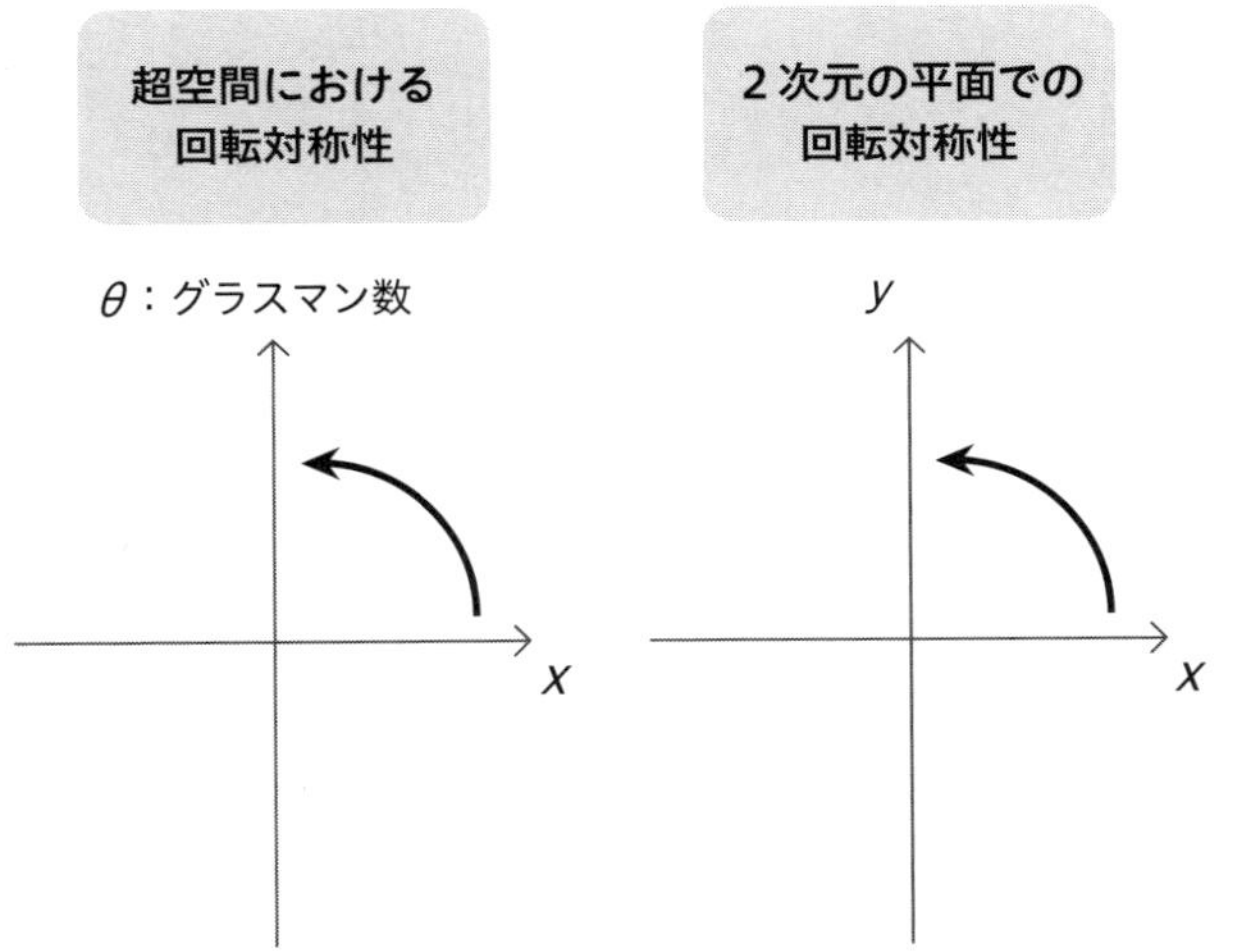

図3－16　**超空間と超対称性**
右：2次元平面の回転は、座標軸の回転として表すことができる
左：普通の数 x とグラスマン数 θ の座標を持つ超空間での回転対称性が超対称性

では、なぜこのようなものを考えなくてはいけないのでしょうか。

超弦理論では、弦理論にフェルミオンを含めるために超空間を考えましたが、そのような空間の中での弦理論が、数学的に本当につじつまが合っているのかを確かめる必要がありました。その結果、理論が量子力学の原理などと矛盾しないためには、超空間を回転する対称性が必要であることがわかりました。

超弦理論では、弦が普通の座標の方向に振動するとボゾンになり、グラスマン数の座標の方向に振動するとフェルミオンになります。超空間に超対称性があると、ボゾンとフェルミオンの間にも必然的に、入れ替えが可能な対称性が現れます。

このように超対称性という考え方は、超弦理論の研究から生まれてきました。超弦理論から導かれる素粒子模型には、超対称性が自然に組み込まれているのです。言い換えれば、超弦理論は超対称性を予言している、と考えてもよいと思います。

私たちは超空間にいるのか

超対称性が考えられたばかりの頃は、現在の標準模型に含まれるボゾンとフェルミオンの間に入れ替えの対称性があるのではないか、とも検討されました。しかし、光子・グルーオン・W粒子・Z粒子・ヒッグス粒子といったボゾンと、電子・ニュートリノ・クォークといったフェルミオンとの間に超対称性を見いだすことはできませんでした。ということは、超対称性を仮定すると、新しい粒子が予言されることになります。標準模型のボゾンにはフェルミオンの新粒子が、標準模型のフェルミオンにはボゾンの新粒子が、それぞれ同じ質量を持つパートナーとして存在することになるのです。

しかし、このようなパートナー粒子はいまのところ、まだ見つかっていません。

自然界の基本法則のレベルでは対称性があっても、実験で到達できるエネルギーで観測される現象からは、それが見つけられないということはよくあります。たとえば素粒子の標準模型では、電磁気力と弱い力の間には対称性があるとされています。しかし、電磁気力は光の速さでどこまでも伝わっていくのに対し、弱い力は原子核の直径の一〇〇〇分の一くらいまでしか伝わりません。私たちには電磁気力と弱い力の対称性は見えなくなっているのです。あるはずの対称性が見えないというこの現象は、南部陽一郎が発見した「対称性の自発的破れ」によって説明されました。二〇一二年のＣＥＲＮでのヒッグス粒子の発見は、電磁気力と弱い力の間の対称性が自発的に破れていることの証拠ともなったのです。

超対称性も自発的に破れているのなら、未知の粒子は、対応する標準模型の粒子と同じ質量を持つ必要はありません。超弦理論によると基本法則の段階では超対称性があるので、いずれ十分に高いエネルギーを使った実験が可能になれば、このようなパートナー粒子が検出されるはずです。

ヒッグス粒子を発見したあと、ＣＥＲＮはいったんＬＨＣの運転を休止しました。しかし、二〇一五年には、これまでよりも高いエネルギーによる実験を再開する予定になっています。さらに、日本への誘致が検討されているＩＬＣ（国際リニアコライダー）のような高エネルギー実験も計画されていますので、そう遠くない将来に、超対称性から予言されるパートナー粒子の存在が確認されるかもしれません。

そうなったら、これは実に衝撃的な発見です。単に「新粒子が見つかった」というだけの話ではありません。

私たちは、三次元の空間に住んでいると考えてきました。しかし超弦理論は、私たちの空間が普通の空間ではなく、超空間であると予言します。普通の数字で決まる座標のほかに、グラスマン数という不思議な数を座標に使う「余剰次元」が存在すると予言するのです。超対称性で予言される粒子が発見されると、超弦理論を検証する道も開け、私たちの空間に対する通念も根底から揺さぶられることになるでしょう。

Column

南部の失われた論文

南部陽一郎が一九七〇年に発表した弦理論の論文は、この分野の基本文献ですが、長らく手に入れることができませんでした。

南部は弦理論のアイデアをその年の夏にデンマークのコペンハーゲンで開かれる国際会議で発表するつもりで、講演の原稿も用意していました。シカゴ大学の教授であった彼は、夏休みを利用して家族とともに車でアメリカ西部を横断して、カリフォルニア州のサンフランシスコまで行き、そこから飛行機でコペンハーゲンに向かおうと計画しました。

ところが、ユタ州のグレート・ソルト湖まで来たところで、車が故障してしまいます。グレート・ソルト湖は西半球最大の塩水湖です。私も何度も車で通ったことがありますが、ソルトレーク・シティから西に向かうと、水が蒸発した湖は一面の塩におおわれています。見渡すかぎり真っ白な世界に一本の道が延びていて、そこを何時間も走ることになります。

夏には摂氏四〇度を超える灼熱の地となるので、南部の車は走っている途中でオーバーヒートを起こしてしまったそうです。ようやく湖の端までたどり着いた南部は、車の修理ができるまで数日間、ユタ州とネバダ州の州境にある宿場町ウェンドーバーに足止めされてしまいました。

やっとの思いでサンフランシスコにたどり着きましたが、コペンハーゲンの会議には間に合いません。そこで南部は、出席する代わりに、あらかじめ用意しておいた講演の原稿を送りました。そのうち会議録に掲載されるだろうと思っていたそうです。ところが、主催者の手違いのためか、会議録は出版されることはありませんでした。

このような事情によって、南部の原稿を見た人は限られていました。しかし、南部の独創的なアイデアは素粒子論の研究者の間でよく知られていたので、論文がなくても、南部が弦理論の創設者の一人であるということは広く認められたのです。

その翌年になって、後藤鉄男が同じ理論を独立に発見します。後藤はその発表直前に南部の仕事のことを聞いていたので、後藤の論文の脚注には、実際には行われなかった南部のコペンハーゲンでの講演が引用されています。

幸いにして、南部の原稿は残っていました。そして、一九九五年に南部の論文選集が出版されたときにこの原稿は再録され、誰でも読むことができるようになりました。私はこれを読んで、南部の先駆性にあらためて感銘を受けました。

第4章 なぜ九次元なのか

SUPERSTRING

$e^{i\pi}+1=0$

果ての果てまで循環する数と、決して正体を見せない虚ろな数が、簡潔な軌跡を描き、一点に着地する。どこにも円は登場しないのに、予期せぬ宙からπがeの元に舞い下り、恥ずかしがり屋のiと握手をする。彼らは身を寄せ合い、じっと息をひそめているのだが、一人の人間が1つだけ足算をした途端、何の前触れもなく世界が転換する。すべてが0に抱き留められる。

オイラーの公式は暗闇に光る一筋の流星だった。

小川洋子の『博士の愛した数式』(新潮社)で、未亡人とお手伝いさんのわだかまりを解くのは、博士のメモ用紙に書かれたオイラーの公式$e^{i\pi}+1=0$です。

一八世紀最大の数学者オイラーは、ニュートンやライプニッツの創始した微積分の方法を大きく開花させました。私たちが現在使っている数学のもとをたどると、その多くはオイラーに行き着きます。

本章で活躍するのは、オイラーのもう一つの公式です。その公式を、数学者の黒川信重は、「滝に打たれたような衝撃である」と評しています。

なぜこの世界は三次元なのか

意外に思われるかもしれませんが、物理学の理論の多くは「次元」の数を選びません。力学のニュートン方程式も、電磁気力のマクスウェル方程式も、重力のアインシュタイン方程式も、どんな次元の空間であっても設定して、解を求めることができます。五つ、六つ、七つ…と座標の数が増えても、これらの方程式が使えることに変わりはありません。理論自身は「次元フリー」なのですが、現実の世界を説明するために、たまたま三次元空間で使っているのです。

しかし、超弦理論は違います。これから本章で説明していきますが、この理論では、九次元の空間しか許されません。それ以外の次元を考えると、理論が矛盾してしまうのです。

次元の数が決まるというのは、物理法則としては前代未聞のことです。ニュートン理論やアインシュタイン理論でも決まらなかった空間の次元が必然的に決まるという点だけでも、超弦理論は実に画期的なものといえるでしょう。

私たち素粒子物理学者は、この宇宙のさまざまな性質を基本原理から導こうと努力しています。そのなかでも、なぜ私たちの空間が三次元なのかというのは、根源的な問いといえるでしょう。マクスウェル理論やアインシュタイン理論では、この問題に答える見込みがありません。これらの理論はどのような次元でも考えられるので、「次元がどうして決まったか」に答える取っかかりがないのです。これに対して超弦理論では、理論自身の整合性から「空間は九次元」と決まっています。最初から「三次元」という答えがドンピシャリと出たわけではありませんが、少なくとも次元が一つ決まった。そこで、九次元から考えはじめて、六つのよけいな次元を何とかすることで、三次元の空間を導こうという戦略が成り立つのです。

超弦理論では次元が決まる、その空間は九次元、時間も数えると時空間は一〇（＝九＋一）次元である、という話をすでに聞いたことがある人もいるかもしれません。しかし、そのきちんとした説明を見た人は少ないのではないでしょうか。本章では、なぜ九次元なのか、九という数字はどこから来たのかについての、できるだけやさしく、しかし、ごまかしのない説明に挑戦します。

弦理論が使える空間は二五次元！

実は、次元が決まるのは超弦理論だけではありません。「超」という接頭辞がつく以前の、南部と後藤の「弦理論」でも次元が決まってしまいます。弦理論でも超弦理論でも、次元が決まる理由は同じなので、まずは弦理論のほうで説明しましょう。

南部と後藤が弦理論を提案した当時は、通常の理論と同様、どのような次元にも使える次元フリーの理論だろうと考えて、三次元空間の現象の説明に直接使おうとしました。ところが、弦理論にもとづいて三次元空間の物理量を計算したところ、奇妙なことが起きました。確率を求める計算で、答えが負になったり、1より大きくなったりしてしまったのです。確率の値はある現象が絶対に起こらないなら0、必ず起こるなら1ですから、0と1の間に収まらないのでは意味がありません。とくにミクロの世界を扱う量子力学では、物理現象が起きる確率の計算が重要になります。そこで無意味な答えが出てしまうような理論では困るのです。

たとえば二〇一二年に発見されたヒッグス粒子は、生成してもすぐに崩壊してしまうので、直接観測することができません。その代わりに、崩壊で生じる別な粒子を検出することで、ヒッグス粒子の存在が間接的に証明されたのです。このとき、ヒッグス粒子が何に崩壊するかは確率でしかわかりません。二個の光子になることもあれば、二個のW粒子になることもあります。二個の光子になる確率がマイナス2になったり、二個のW粒子になる確率がプラス3になったりするようでは、理論は使いものになりません。

ラトガース大学のクラウド・ラブレースは、この問題に驚くべき解決法を提案しました。三次元で計算するとおかしな答えが出る問題を、もっと高い次元で試してみたところ、ある特別な次元では確率の値が0と1の間におさまることを見つけたのです。いまでこそ理論物理学者は日常的に高次元の理論を考えますが、当時としては、異なる次元を考えるというのはとても大胆なことでした。

しかも、その特別な次元は、四次元や五次元どころではありません。なんと二五次元です。私たちの三次元空間より二二個も次元の多い空間でだけ、弦理論はまともな答えを出すことができるというのです。

光子には質量がない

なぜ、弦理論では次元が決まるのでしょう。それを理解するには、前章で説明した弦の振動状態を思い出してもらう必要があります。バイオリンの絃が振動することでさまざまな音を奏でるように、素粒子の弦にもさまざまな振動状態があり、それぞれが異なる種類の粒子に対応します。たとえば光子は、前章に掲げた図3－8のような振動状態であると考えます。

さて、アインシュタインの特殊相対性理論では、光の速さに特別な意味があります。どのような粒子も、光速より速く進むことはできません。質量を持つ粒子は光速より遅く、質量のない粒子だけが光速で進むことができます。当然、光の粒である光子は、質量を持たないはずです。

ところが、三次元の空間で弦理論を考え、この理論で光子に対応する粒子の質量を計算してみると、ゼロにはならなかったのです。光子に質量があっては、特殊相対性理論と矛盾してしまいます。この矛盾が、巡りめぐって、確率の計算で負の値や1より大きな値を出すことになるのです。

では、南部と後藤の弦理論では、なぜ空間が二五次元のときに限って光子の質量がゼロに、つまり特殊相対性理論との矛盾がなくなるのでしょう。その理由を説明しましょう。

「量子ゆらぎのエネルギー」はゼロではない

アインシュタインの$E=mc^2$によって、質量はエネルギーに換算することができます。そのため、粒子の質量は、粒子の持つエネルギーと考えることもできます。

さて、弦が振動すると、弦は「振動エネルギー」というものを持ちます。振動の振れ幅が大きくなると、エネルギーは高くなり、弦の質量もそれだけ大きくなります。

また、弦のエネルギーは振動せずに止まっているときに最低の状態となります。このとき弦が持つ「最低エネルギー」はゼロのように思えますが、実はそうではありません。

たとえば、ひもの先に「重り」をつけた振り子を考えてみます。この振り子が動くと、重りは運動エネルギーを持ちます。また、振り子の高さが上がると、重りが持つ重力のポテンシャル・エネルギーも高くなります。ですから、重りはいちばん低いところでじっとしているときが、いちばんエネルギーが低い状態になります。このときの重りの最低エネルギーは、ゼロであると考えていいでしょう。しかし、ミクロの世界を記述する量子力学では、この状態は許されないのです（図4－1）。

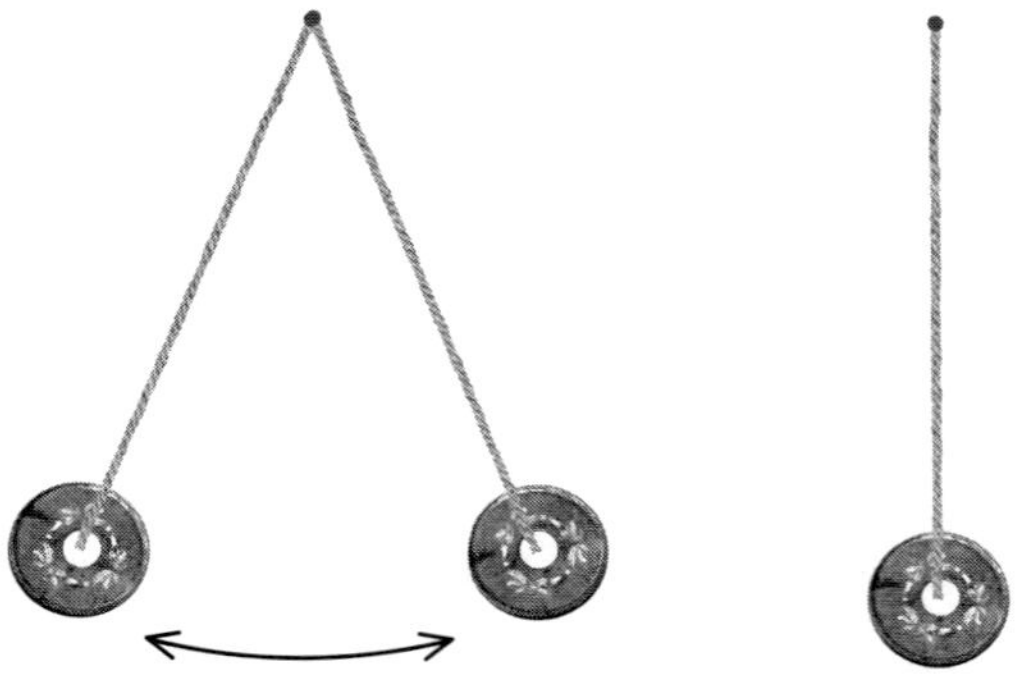
振動していれば
運動エネルギーも
位置エネルギーもある
重りは低いところで
じっとしているときが
いちばんエネルギーは低い

図4－1　右の状態のエネルギーは、量子力学を考えなければゼロだが、量子力学を考えるとゼロではない！

ここで、第2章で紹介した不確定性原理を思い出していただきましょう。この原理によると、粒子の位置と速度は同時に決められません。位置を特定すれば速度が不確定になり、速度を正確に決めれば位置が決まらないのです。重りが「いちばん低いところ」で「動かずにいる」というのは、位置も速度も決まってしまうことなので、不確定性原理によって許されないのです。

量子力学の世界では、重りのポテンシャル・エネルギーを小さくするために重りをいちばん低い位置に置こうとすると、速度のゆらぎのために運動エネルギーが大きくなります。運動エネルギーを小さくしようとして、速度をゼロに近づけると、位置が不確定になるので、今度はポテンシャル・エネルギーが大きくなります。したがって、全体のエネルギーを下げるためには、位置の不確定性と速度の不確定性の妥協点を見つける必要があるのです。

このようにして、不確定性原理で許されるいちばんエネルギーの低い状態をさがすと、その状態での重りの「量子ゆらぎのエネルギー」は、ゼロではなく、その大きさは振り子の周波数に比例することがわかっています。

「光子の質量」の求め方

弦の場合も、このような量子ゆらぎがあるため、最低エネルギーはゼロではありません。この最低エネルギーに、弦の振動エネルギーを足したものが、弦全体のエネルギー、すなわち質量になるのです。そして光子の場合は、それがゼロにならなくてはなりません。

南部と後藤による「超」がつかない弦理論では、次元の数によってエネルギーの値はさまざまに変わりますが、二五次元の場合のみ、光子の質量（＝最低エネルギー＋振動エネルギー）はゼロになるのです。では、計算でそのことを確かめましょう。

これから少しだけ数式が出てきますが、心配しないでください。数式を追うのが面倒になったら、読み飛ばしていただいても、次の章から読み進むのに問題はありません。ちらちらとでも眺めて、「この程度の計算で、空間が二五次元と決まるのか」と思っていただければ結構です。

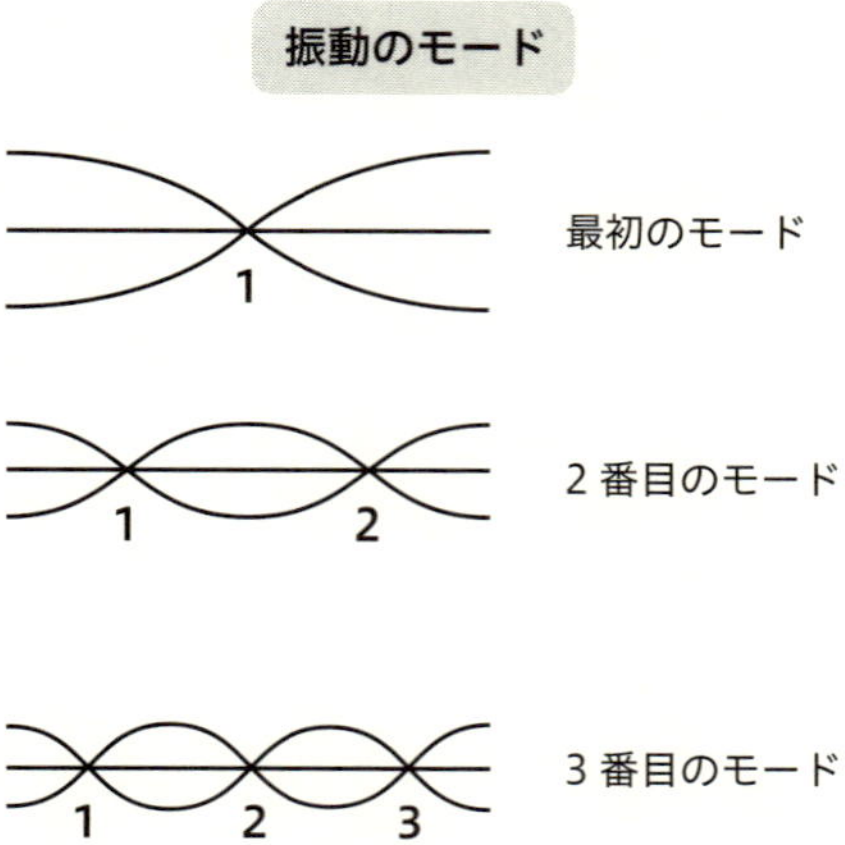

図4－2　弦の振動のモードには、無限の種類がある

まず、光子に相当する弦の最低エネルギーを求めてみます。

前章の図3－3で示したように、弦の振動状態にはいろいろあります。これらを「振動のモード」と呼びます。図4－2では、最初のモードは両端が動いていて、中央部分が止まっています。止まっている部分をモードの「節」と呼びます。最初のモードには節が一つ、二番目のモードには節が二つ、三番目のモードには節が三つあります。節の数はいくらでも大きなものが考えられるので、弦の振動には無限の種類のモードがあるのです。

その各々のモードについて不確定性原理が当てはまるので、最低エネルギーの状態では、すべてのモードが量子的にゆらいでいます。そして「量子ゆらぎのエネルギー」の大きさは、振り子の場合と同様に周波数に比例します。周波数は節の数に表れますので、節の数が1、2、3、…と増えるにつれて、そのモードの最低エネルギーも1、2、3、…と大きくなります。弦の振動は、これらのモードをすべて重ね合わせたものです。そこで、各モードの最低エネルギーを足し合わせると、弦全体の最低エネルギーは（1＋2＋3＋…）に比例することになります。

次に、弦が振動する方向を考えます。弦は空間の次元の数だけ、さまざまな方向に振動することができますが、いま問題にしている光子には前章で説明したように、進行方向への振動はありません。ですから空間の次元数をDとすると、弦のゆれる方向のパターン数は進行方向を差し引いて（D−1）となります。その各々の方向について最低エネルギーは（1＋2＋3＋…）に比例するので、弦のゆれる方向すべてを勘定すると、（D−1）×（1＋2＋3＋…）となります。これで弦全体の最低エネルギーが求められました。

では、弦が光子に対応する振動を起こすための、振動エネルギーのほうはどうなるでしょうか。光子に対応する弦の振動は図3－8の上のようなものと考えられますが、これは90度回転させれば図4－2の「最初のモード」と同じです。そして量子力学の計算によると、あるモードに振動が起きるときに必要な振動のエネルギーは、そのモードの量子ゆらぎのエネルギーの倍になることがわかっています。したがって、最初のモードの量子ゆらぎのエネルギーを（節が1なので）1とすれば、振動を起こすにはその倍の、2のエネルギーが必要となります。これが、光子の振動のエネルギーというわけです。

つまり、光子全体のエネルギー（＝振動エネルギー＋最低エネルギー）は、

$$2+(D-1)\times(1+2+3+4+5+\cdots)$$

に比例するということがわかりました。

驚異の公式が導く二五次元

さて、特殊相対性理論とつじつまが合うためには、こうして求められる光子の質量はゼロでなくてはいけません。ところが、この式をよく見ると、最初の2は正の整数です。$(D-1)$も、Dは空間の次元の数ですから負になることはありません。とすると、光子全体の質量がゼロになるためには（1＋2＋3＋4＋5＋…）が負の数にならなければなりません。

一見して、そんな結果になるとは思えないでしょう。1、2、3、…と正の数を無限に足していった結果が、マイナスになるなど考えられないことです。

しかし、そんな答えが出る不思議な公式を見つけた数学者が一八世紀にいました。レオンハル

ト・オイラーです。世の数学者に「歴史上で最も重要な数学者を五人選べ」と言えば、オイラーの名は必ず挙がるでしょう。数学のあらゆる分野で画期的な成果を残し、数学史上最も多くの論文を書いたといわれる超人的な研究者です。その論文を集めた『オイラー全集』は現在、七二巻まで刊行されていますが、まだ編纂は終わっていません。

そのオイラーが残した数多くの驚異的な公式の中の一つが、これです。

$$1+2+3+4+5+\cdots=-\frac{1}{12}$$

図4－3
レオンハルト・オイラー
(1707-1783)
30歳の頃に右目を、60歳の頃に左目を失明したが、研究への情熱が衰えることはなかった

信じられるでしょうか。正の整数を無限に足していくと、負の数になるというのです。

(1+2+3+4+5+…) は、どう見ても「無限大」です。しかし無限大だからこそ、その値には正も負もないという考え方もできます。無限大とは、正か負かもわからないような、つかみどころのないものです。

オイラーの公式は、その無限大に「意味」を与えたと言っていいでしょう。オイラーがこの公式を導くまでの計算方法は、現在の数学の考え方からすると無限大や無限和の扱い方に問題があり、厳密さに欠けます。しかし、彼はその自由な発想によって、数学的な真実を見いだしたのです。数学者の黒川信重はこの公式を「滝に打たれたような衝撃」と評しています。

この公式の導き方と意味については、巻末の付録にまとめておきましたので、興味のある方はそちらをご覧ください。

では、このオイラーの公式を光子のエネルギーの式に代入してみます。

$$（光子のエネルギー）=2-\frac{D-1}{12}$$

そこで$D=25$とすれば、

$$2-\frac{25-1}{12}=0$$

となり、光子のエネルギーはゼロになるのです。

こうして弦理論では、空間の次元が二五次元のときに光子の質量はゼロになり、特殊相対性理論と矛盾しないことがわかりました。逆にいえばほかの次元数で考えると、確率が負の値になったり、1より大きくなったりと、つじつまが合わなくなるのです。

なぜ超弦理論は九次元なのか

では、超弦理論の次元が九次元に決まることは、どのように求められるでしょう。同じ計算を超弦理論にあてはめると、光子の質量がゼロになる条件は、

$$2-\frac{D-1}{4}=0$$

となることがわかっています。

弦理論の式と比べてみましょう。第一項の「2」は弦理論のときと同じで、弦が光子に対応する振動を起こすためのエネルギーです。ところが、最低エネルギーを与える第二項は、弦理論のときには $(D-1)/12$ となっていたところが、超弦理論では三倍の $(D-1)/4$ になっています。超弦理論の弦は、普通の空間で D 次元の方向に振動するほかに、超空間でグラスマン数の座標の方向にも振動します。そのため光子の質量には、その方向への量子ゆらぎの効果も含めなければなりません。これを計算すると、$(D-1)/12$ が三倍の $(D-1)/4$ になるのです。

これを解くと、$D=9$。つまり超弦理論は、九次元の空間（正確には「九次元＋グラスマン数」の超空間）で考えないとつじつまが合わないことになります。これが、超弦理論の空間が九次元である理由なのです。

Column 「わかる」ということ

「超弦理論は九次元の空間でないとつじつまが合わない」と書きましたが、実際に見てきたわけでもないのに、どうしてそんなことが確信を持って言えるのか、と不審に思われるかもしれません。

先日も、トヨタ自動車の役員会で「重力とは何か」についてお話ししたときに、「素粒子の研究者が『わかった』というときは、どういう意味で言っているのでしょうか」と聞かれました。

確かに、「ヒッグス粒子があることがわかった」とか、「超弦理論では、空間は九次元であることがわかった」と言うのと、「二〇一三年度のプリウスＰＨＶは、充電したバッテリーだけで二〇キロメートル以上走行できるとわかった」と言うのでは、「わかった」の意味が違うようです。

「ヒッグス粒子があることがわかった」とは、どういう意味なのでしょうか。

ヒッグス粒子は肉眼で直接見ることはできません。CERNにあるLHCで加速した陽子どうしをぶつけると、一瞬だけヒッグス粒子ができることがありますが、この粒子はすぐに崩壊してしまいます。しかも、ヒッグス粒子自身が直接、検出器にかかるわけでもありません。検出されるのは、ヒッグス粒子が崩壊してできる光子やW粒子などの、すでに知られている粒子です。

素粒子の標準模型では、ヒッグス粒子の予言以外はほとんどすべてが検証されているので、
（1）標準模型にヒッグス粒子があった場合に、陽子どうしの衝突からどれだけ光子ができるのか。
（2）標準模型の計算で、ヒッグス粒子の効果を無視したときに、どれだけ光子ができるのか。
を別々に計算して、その結果を実験で測定された光子の数と比較したところ、（1）の計算が正しい確率が圧倒的に高いと判定されたのです。

標準模型の理論計算、数千人の研究者や技術者が参加する大規模かつ精密な実験、さらにスーパーコンピュータを使ったデータ解析を経て、ようやく「ヒッグス粒子が見つかった」と言うことができるのです。自分で充電したプリウスPHVを、自分で運転してみて「二〇キロメートル以上走れることがわかった」と言うのとは、納得度が違うのはしかたのないことです。

では、「超弦理論では、空間は九次元であることがわかった」とは、どういう意味でしょうか。

超弦理論は実験的に検証された理論ではないので、これはいまのところ、純粋に数学的な主張で

す。空間の次元が九であるときに限って、超弦理論に数学的矛盾が起きないと言っているのです。「ユークリッドの公理を仮定すると、三角形の内角の和は一八〇度であることがわかる」というときの「わかる」と同じ意味です。

物理学では、基礎法則からすべての現象を数学的に導くことをめざすので、基礎法則の段階で数学的につじつまが合っていることが重要です。逆に、矛盾が起きないという条件が、法則を発見するうえでの重要なヒントになることがよくあります。

たとえば、アインシュタインが特殊相対性理論を発見したのは、ニュートンの力学とマクスウェルの電磁気学の間の矛盾を解消するためでした。そして、この特殊相対性理論とニュートンの万有引力の理論の矛盾を解消したのが、一般相対性理論でした。

ヒッグス粒子にしても、「弱い力」の理論の矛盾を解消するために提案されたものです。提案された当時は「ヒッグス粒子を使えば、弱い力の理論に矛盾が起きない」という数学的な主張だったのが、半世紀を経て、ＬＨＣの実験でようやく検証されたのです。

素粒子論の研究では、基本法則を究めていくほど、数学的につじつまが合う理論の選択肢が限られてきます。重力と量子力学を統合する理論で矛盾が見つかっていないものは、超弦理論しかありません。超弦理論の研究で、数学的な整合性が大きな導きの糸になっているのはそのためです。

第5章 力の統一原理

SUPERSTRING

先生は樋口の下へ私の手をおいて、冷たい水が私の片手の上を勢いよく流れている間に、別の手に初めはゆっくりと、次には迅速に「水《ウオーター》」という語をつづられました。私は身動きもせずに立ったままで、全身の注意を先生の指の運動にそそいでいました。ところが突然、何かしら忘れていたものをおもいだすような、あるいはよみがえってこようとする思想のおののきといった一瞬の神秘な自覚を感じました。このとき初めて私はＷＡＴＥＲ《ウオーター》はいま自分の片手の上を流れているふしぎな冷たいものの名であることを知りました。この生きた一言が、私の魂をめざまし、それに光と希望と喜びを与え、私の魂を解放することになったのです。

ヘレン・ケラーは『わたしの生涯』（角川文庫）のこの有名な一節で、「ものにはすべて名があること」を認識したときの感動的な経験を語っています。

科学の研究でも、あることがわかると、世界の見え方がまったく変わることがあります。いままでまったく別々のものだと思っていたものの間に、深い関係があることがわかる。これまで見えなかったものが見えるようになる。その喜びのために研究を続けている科学者は多いと思います。

本章でご説明する「ゲージ原理」は、自然界の力の理解に革新をもたらしました。それまで別々の力だと思われていた重力と電磁気力、さらには二〇世紀に発見された新しい力である強い力と弱い力の背後に、共通する深い原理があることがわかったのです。ゲージ原理の発見により、四つの力を隔てていた壁が取り除かれ、自然界のすべての力を統一的に理解するという希望が生まれました。

力には共通の原理がある

超弦理論は重力と量子力学とを統合する理論であるとともに、素粒子の理論でもあります。素粒子の間には電磁気力・強い力・弱い力・重力の四つの力が働いていると考えられていますが、実はこの四つの力の背後には共通の原理があります。

この原理が発見されたのは、一九一六年にアインシュタインが一般相対性理論を発表した直後のことでした。一般相対性理論は、当時最新の数学であったリーマン幾何学を使って重力を説明したということで、数学者の間でも注目されました。なかでも、ドイツの数学者ヘルマン・ワイルは、この重力理論について深く考え、それまでまったく別のものだと思われていた重力と電磁気力の働き方に共通点があることを発見したのです。

ワイルが発見した力の原理は「ゲージ原理」と呼ばれ、二〇世紀の素粒子物理学の主要なアイデアの一つとなりました。素粒子の標準模型でも、超弦理論でも、このゲージ原理が活躍しています。しかし、やや抽象的な考え方であるためか、一般向けの解説書でその意味をかみくだいて説明しているものを見かけません。そこで本章では、できるだけやさしく、しかしごまかしのないように解説をしてみました。

この考え方をこれまでお聞きになったことのない方は、読んでいて話の筋を見失いそうになるかもしれません。そのときは思いきって次の章まで読み飛ばしていただいて結構です。本章でのキーワードは「ゲージ対称性」です。このあとの章でこの言葉が出てきたら「第5章で説明していた話だな」くらいに思っていただき、さらに深く知りたくなったら戻ってきてください。

ゲージ原理の話をする前に、ワイルが触発されたアインシュタインの相対性理論について振り返ってみましょう。アインシュタインが一九〇五年に発表した特殊相対性理論では、ある観測者に対して一定の相対速度で走っている別の観測者がいるとき、どちらの観測者から見ても光の速度が変わらないと仮定します。そしてこの仮定から、時間や空間の伸び縮みという不思議な現象が予言されました。この理論を「特殊」と呼んでいるのは、二人の観測者の間の相対速度が一定の場合に限っているからです。

図5－1
ヘルマン・クラウス・ヒューゴ・ワイル(1885-1955)

これに対し一般相対性理論では、「一般」というだけあって相対速度が一定であるなどという条件はつきません。一定であろうと加速度があろうと、どのような相対速度で走っている観測者から見ても、重力の方程式は同じである。こう仮定すると、重力が空間や時間の性質として説明できるというのが、一般相対性理論です。アインシュタインは重力の方程式を、時間や空間の測り方をどのように変えても重力の働き方は変わらないという条件から導いたのです。

ワイルはこの考え方が重力だけではなく、電磁気力の働き方にもあてはまることに気がつきました。電磁気力についても、「あるもの」の測り方をどのように変えても力の働き方は変わらないという条件をおくと、電磁気力のマクスウェル方程式が決まってしまう。これが電磁気力についてのゲージ原理です。ゲージ原理とは、力の原理なのです。では、電磁気力の方程式を決める「あるもの」とは何でしょうか。

それを説明する前に、電場や磁場の働き方について復習しておきましょう。

電磁場は金融市場に似ている

たとえばプラスに帯電した電極とマイナスに帯電した電極があると、その間には電場が生じます。そこに電子を置くと、電子はプラスに帯電した電極の方向に引きつけられます。これは、そちらのほうが「電位」が高いからです。電子は、電位が高いほうに引きつけられるのです。

磁場も電子の運動に影響を与えます。磁場の中に電子をそっと置いても何も起きませんが、電子が運動していると、磁場はその運動の方向を曲げるように働きます。磁場による力の方向は電子の進行方向と直交していて、また磁場自身の方向とも直交しています（フレミングの左手の法則をおぼえている人もいるでしょう)。そのため、磁場のかかっているところに電子を投げ込むと、電子はクルクルと回転運動をすることになります。

◇電場があると、電子は電位の高いほうに引きつけられる。

◇磁場があると、電子はクルクルと回ろうとする。

電場と磁場のこの二つの性質をおぼえておいてください。

さて、この電場や磁場の働き方を決める原理を説明するために、ちょっと飛躍しますが金融市場のたとえ話を使うことにします。電子の動きが、お金の動きと似ていることに着目するのです。

金融市場では、利益の上がるような方向にお金が動きます。このお金の動きは、電子が電位の高い方向に引きつけられることと似ています。また、「お金を回して利益を上げる」ということがおこなわれます。これは、磁場の中で電子がクルクルと回るということと似ています。

なにやらこじつけめいて思われるかもしれませんが、電磁場のしくみと、金融市場のしくみの間には深い関係があるのです。しばらく読み進んでいただくと「ああそういうことか」と、わかってくると思います。

電場と金利相場

先日、都内の金融業者の前を通りかかったら、外貨預金を勧める広告を見かけました。日本の定期預金金利は一年で〇・五パーセントにもならないのに、スイスでは三パーセント、南アフリカでは一一パーセントにもなる。そこで「南アフリカで外貨預金をしよう」という宣伝でした。たとえば金利の安い国でお金を借りて、そのお金を金利の高い国に持っていって銀行の定期預金に預けたとしましょう。しばらく待ってから増えたお金を引き出して、もとの国に持ち帰ってくる。そして、借りたお金を返すと、金利の差額だけ儲かるはずです。

もちろん、世の中にそんなうまい話が簡単にあるわけはないので、ここではいくつかの仮定をしています。たとえば、銀行からお金を借りるときの貸出金利と、定期預金に預けたときの預金金利が同じであると仮定しています。また、ある国から別の国にお金を移すときの為替手数料や送金手数料も無料であると仮定しています。ずいぶん気前のよい銀行があったものですが、物理学では問題を簡単化し、物事の本質を見極めるために、都合のよい仮定をおくことがよくあります。学校の理科の時間に、坂道を降る台車の運動の説明で、台車と坂道との間の摩擦がゼロであると考えるのもそれです。為替手数料や送金手数料はお金の動きに対する摩擦のようなものなので、ここではそれらがゼロと考えるのです。

もう一つの重要な仮定は、為替相場が変動しないということです。お金を定期預金として預けている間に、為替相場が変わってしまうと、もとの国の通貨の価値では損をしてしまうこともありうるからです。

さて、このような仮定のもとで、二つの国の定期預金金利が異なると、お金を移動することで利ざやを稼ぐことができます。すると必然的に、金利が高い国にお金が集まることになる。これは電磁場の理論で、電位の高いほうに電子が集まることに似ています。つまり、金利＝電位というわけです。

これだけだと、深い意味があるようには見えないかもしれません。そこで、次に磁場と為替相場の関係について考えてみます。

磁場と為替相場

私はカリフォルニアの大学で教鞭を執っていますが、日本の東京大学に設置されたカブリ数物連携宇宙研究機構で年に三ヵ月ほど研究をしています。また、ヨーロッパの国際会議にもしばしば出かけます。そのため日本、米国、ヨーロッパを行ったり来たりすることになるのですが、旅費の払い戻しを受けたりするときに、為替相場が問題になることがあります。たとえばドルで航空券を購入して数ヵ月後にユーロで払い戻しを受けるまでの間にドルとユーロの換算レートが変

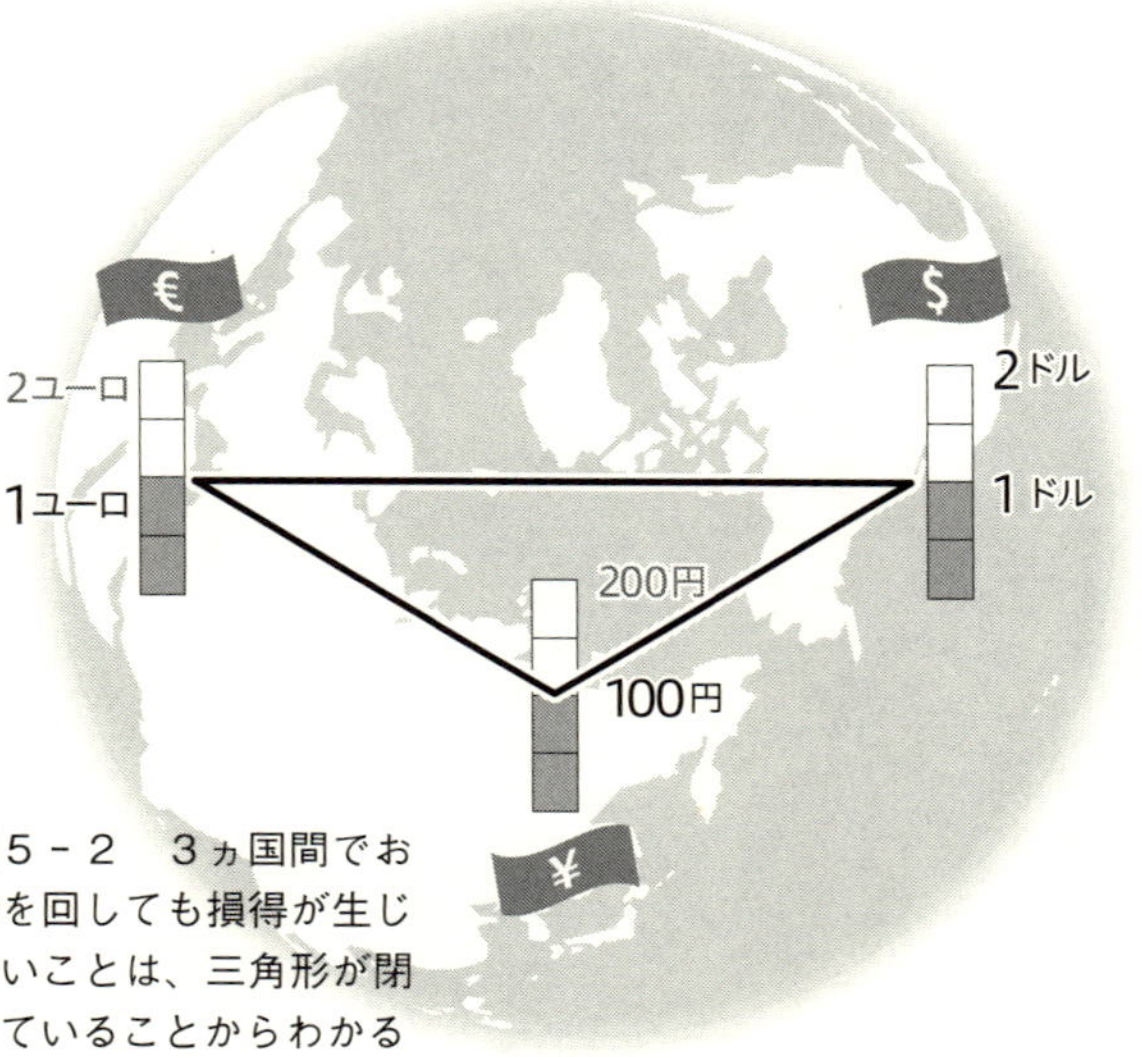

図5－2　3ヵ国間でお金を回しても損得が生じないことは、三角形が閉じていることからわかる

わると、損をしたり得をしたりするからです。

為替相場では、二ヵ国間どうしの通貨の換算レートが刻一刻と変化していますが、相場全体ではつじつまは合っているのでしょうか。

例として日本円、米ドル、ユーロという三つの通貨による為替取引を考えてみましょう。やはり為替手数料はないものとします。

為替相場で一ドルが一〇〇円、一〇〇円が一ユーロ、一ユーロが一ドルだったとします。この場合は、相場にはつじつまが合っています。一ドルを一〇〇円に換え、その一〇〇円を一ユーロに換え、その一ユーロを一ドルに換えても、最初と同じ一ドルです。三ヵ国間でお金をぐるっと回しても、損得は生じません（図5－2）。

ところが、一ドルが一〇〇円、一〇〇円が

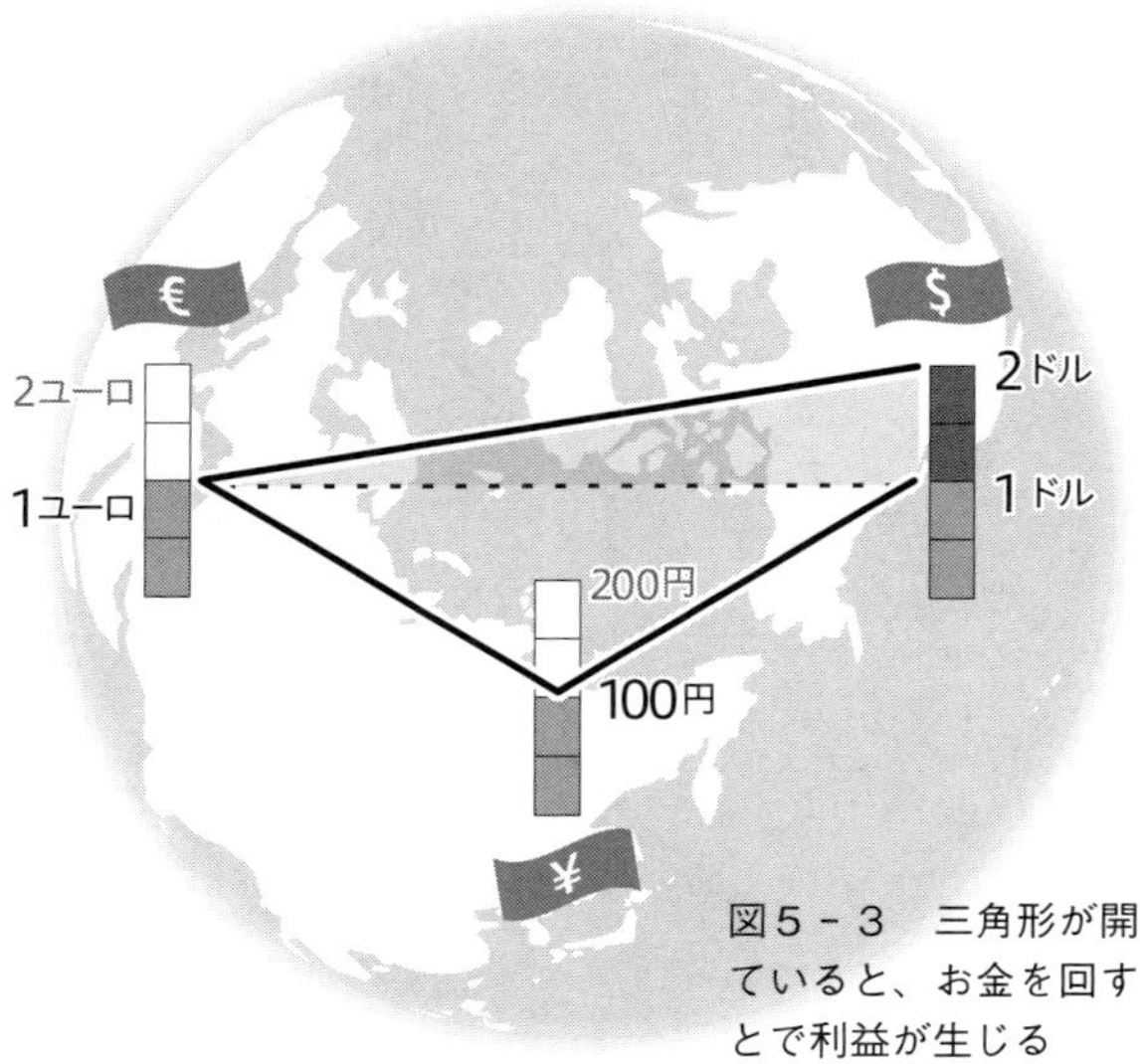

図５－３　三角形が開いていると、お金を回すことで利益が生じる

一ユーロ、一ユーロが二ドルとなると、そうはいきません。ドルを円に換え、円をユーロに換えるところまでは同じですが、ユーロをドルに換えてもとに戻ったときは、最初の二倍になっています。ドル↓円↓ユーロ↓ドルとお金を回すだけで、一ドル↓二ドルと二倍になったわけです（図５－３）。金融の世界では、このようにお金を回すだけで利益が生じる状態のことを「裁定機会」といいます。

たとえば日本銀行が為替相場に介入すると、裁定機会ができることがあります。円とドルの相場が急激に変動すると、ユーロと円や、ユーロとドルの相場がそれに追いつかず、一時的に為替相場のつじつまが合わなくなるのです。ただし、このような裁定機会が生じると、市場を見張っている通貨トレーダーがお金を回して利益を上げるので、裁定機会はすぐに失われ、為替相場のつじつまはまた合うようになります。

図5－2と図5－3を見比べると、為替相場につじつまが合っているときは、ドル↓円↓ユーロ↓ドルとお金を回したときに一ドルが一ドルに戻るので、三角形がきちんと閉じています。ところが裁定機会が生まれると、一ドルが二ドルになるので、三角形は閉じなくなります。裁定機会のあるなしが、三角形が開いているか閉じているかで判定できるわけです。

為替の裁定機会があるとトレーダーがお金を回して利益を得ようとすることは、磁場があると電子がグルグル回ることに似ています。すると、磁場のあるなしも、何かでつくった三角形が開いているか閉じているかで判定できそうに思えます。これから説明する電磁気力の原理は、まさしくこの予想が成り立つことを示すものなのです。

金融市場にもある「電磁誘導」

その前にもう一つ、電磁場と金融市場の似ている点をあげておきます。

マクスウェルの電磁気理論では、電場と磁場の間に関係がありますが、金融市場でも、金利相場と為替相場の裁定機会の間には深い関係があります。

たとえば、日本の金利よりも米国の金利のほうが高くなると、金利の高いドル建ての預金をしようと米国にお金が流れるので、円とドルの為替レートが影響を受けます。また、たとえば円に比べてドルが高くなると、ドルで持っているだけで、円に換算したときのお金が増えるため、あたかも金利を稼いでいるかのよう見えます。このように、金利相場と為替相場は、お互いに影響を与えながら変動しています。

これは磁場の変動が電場を引き起こし、電場の変動が磁場を引き起こす「電磁誘導」という現象とよく似ています。電磁誘導の発見は、電場と磁場がマクスウェル理論で統一されるきっかけとなりました。これと同様に、金利と為替も、金融市場という一つのシステムの中で関連しながら変動しているのです。

電磁場にも「通貨」がある

さて、このように電磁場と金融市場との間には数々の類似点があるのですが、実は、それは偶然ではありません。その背後には、ある共通の原理があるのです。

そもそも為替相場が存在するのは、各国が独自の通貨を持っているからです。ユーロ通貨圏のように通貨が単一であれば、為替相場を考える意味もなくなります。

また、為替相場の裁定機会の有無は、それぞれの国が通貨の単位を変えても変わりません。たとえば、さきほどは一ドルが一〇〇円、一〇〇円が一ユーロ、一ユーロが二ドルと仮定して裁定

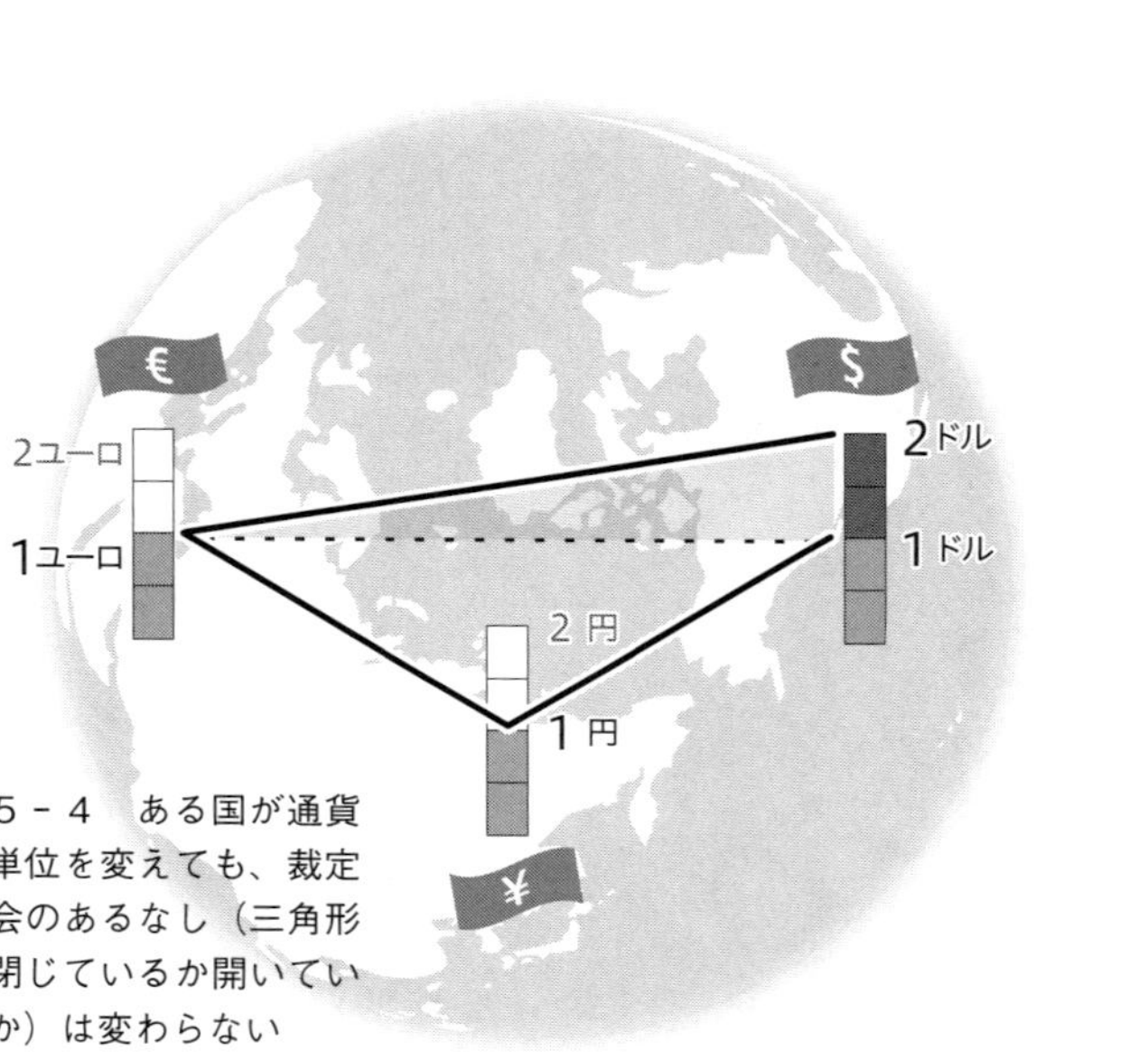

図5－4　ある国が通貨の単位を変えても、裁定機会のあるなし（三角形が閉じているか開いているか）は変わらない

機会が生まれる話をしましたが、ここで日銀がデノミを実施して、日本円を二ケタ切り下げ、これまでの一〇〇円が新一円になったとします。すると一ドルが一円、一円が一ユーロ、一ユーロが二ドルと、為替レートは変わるものの、裁定機会はデノミ以前と同じように存在します。図5－4は日銀がデノミを実行したあとの三ヵ国間の為替相場を描いたものです。裁定機会のあるなしを判定する三角形は、図5－3と比べて日本のところで頂点の数値が変わってはいますが、三角形全体が開いていることに変わりはありません。つまり、裁定機会があるかどうかは、通貨どうしの相対価値だけで決まっているのです。

このように考えると、金融市場には「裁定機会の有無は各国の通貨の単位によらない」

という原理が働いていることがわかります。各国の通貨を測る単位を変えても、お金を回して利益が出るかどうかという現象には影響しないのです。

ワイルが発見したのは、マクスウェルの電磁気理論にも金融市場と同様の原理が働いているということでした。金融市場では各国が独自の通貨を持ち、それがものの価値を測る単位であるように、電磁気力も時空の各々の点に仮想的な「通貨」があって、その通貨についての金利や為替の裁定機会に対応するのが、電場や磁場であると考えたのです。

電磁場の「物差し《ゲージ》」は回転する円

しかし、ワイルは数学者だったので「電磁場の通貨」が物理的に何を意味しているのかまでは問うていません。何か仮想的な通貨があれば、マクスウェルの方程式が説明できると指摘しただけでした。

ワイルが仮想的なものとして考えた「電磁場の通貨」の本当の意味が明らかになったのは、その一〇年後に量子力学が完成してからのことです。量子力学では、すべての粒子には「波」としての性質と「粒」としての性質があると考えます。そのため、電子にも波としての性質がありま す。波があると、波の「位相」というものを考えることができます。たとえば海の波がゆれているときに、波のいちばん高いときは位相がゼロ。それが下がっていって、いちばん低くなったときの位相は一八〇度。そして、また波が高くなっていって、いちばん高いところに戻ると位相は三六〇度。これで波は最初のゼロ度の状態に戻ると考えれば、波の位相の値はゼロ度から三六〇度までの間になります。量子力学が完成し、電子と電磁場との間の関係が量子力学の枠組みで理解されるようになると、ワイルの考えていた「電磁場の通貨」とは、電子の波の位相のことであることが明らかになりました。

本章の初めに、電磁気力の方程式は、「あるもの」の測り方を変えても変わらないと書きましたが、この「あるもの」とは、電子を波と考えたときの位相の値のことだったのです。

ここに、電磁場と金融市場の違いがあります。普通のお金は一ドルでも一〇〇万ドルでも、どのように大きな金額でも考えることができます。これに対して「電磁場の通貨」は電子の波の位相なので、ゼロ度から三六〇度までにしかなりません。分度器で測る角度が三六〇度にまでなると、それ以上は大きくなれずにゼロ度に戻るようなものです。

三ヵ国間の為替相場の図では、通貨はいくらでも大きな値をとれるので、それを測る物差しは、一直線に伸びる定規のように描いています。これに対して「電磁場の通貨」はゼロ度から三六〇度までを行き来する電子の波の位相ですから、物差しも円のようなものを思い浮かべるとよいでしょう（図5－5）。

この場合、通貨の単位のとり方を変えることは、位相をずらす、すなわち円を回転させること

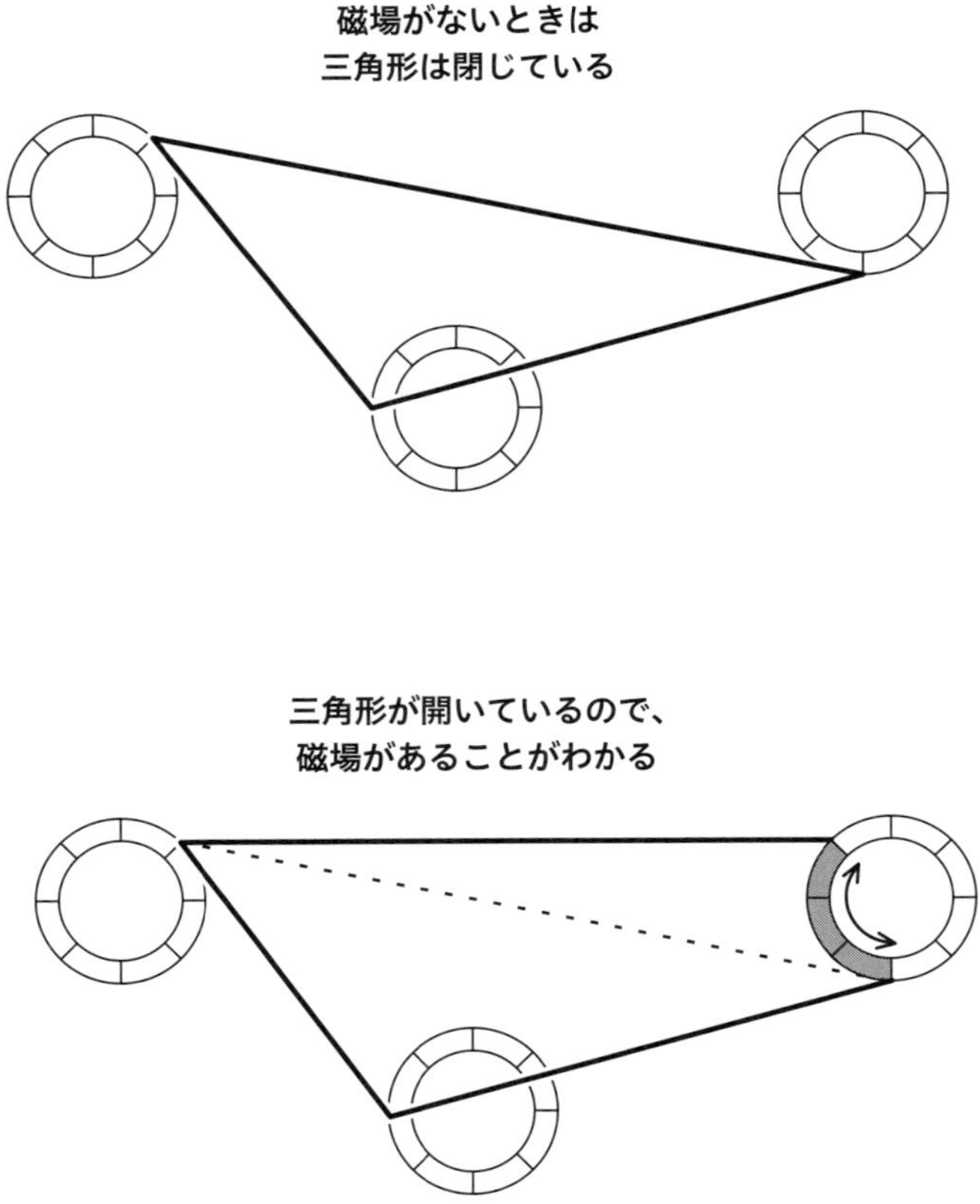
磁場がないときは
三角形は閉じている
三角形が開いているので、
磁場があることがわかる

図５－５　**電磁場の通貨**
直線ではなく、回転する丸い「円」が物差しとなる。磁場のあるなしは、三角形が開いているか閉じているかでわかる

に相当します。磁場がない場合（図5－5の上）は、通貨の単位のとり方を変えても、円がぐるぐる回転するだけで三角形は閉じたままです。一方、磁場がある場合（図5－5の下）は、二本の直線が右の円の上の違う位置にくるので三角形は閉じないというわけです。

このように物差しが直線か円かという違いはありますが、金融市場と電磁場のふるまいは、やはり似ています。それは、電磁場と金融市場が同じ原理に従っているからなのです。

しかし、電磁場では「電子の波の位相」が通貨であるといわれても、かなり抽象的な概念なので、実際の電場や磁場と本当に関係があるのかと思われるかもしれません。幸いにして、それを直接見ることができる実験があります。46ページ図2－2の実験をした外村彰のグループが、「アハラノフ－ボーム効果」と呼ばれる現象を世界で初めて実証した実験です（図5－6）。

白黒の縞模様になっているのは電子線の波の様子です。黒い円形の部分に磁場が通っています。そして、磁場の通っている円の内側を見ると、白と黒の位置がずれています。これは、磁場の影響で「電子の波の位相」がずれていることを表しているのです。

電磁場の働きを説明するマクスウェル方程式は、物差しとなる円が回転しても形は変わらない。逆に、円が回転しても変わらないということから方程式の形が決まる。このように「あるものの測り方を変えても力の働き方が変わらない」という原理が、ゲージ原理です。「ゲージ」とは、物差しのように量を測る単位のことです。

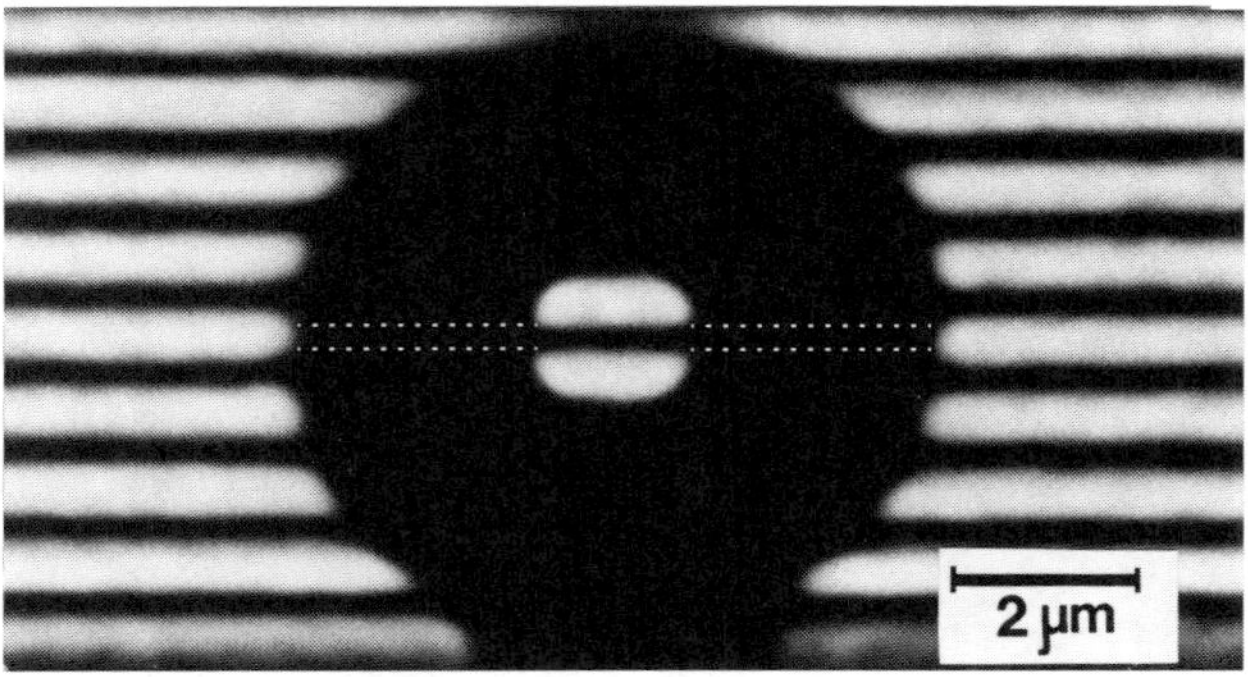

図5－6　日立製作所の外村彰のグループによる「アハラノフ－ボーム効果」の検証実験。白黒の縞模様は電子の波のパターンを表す。黒い円の中心部からのぞいて見えているのも、縞模様の一部。しかし、その黒い線が、外側の縞模様の黒い線とずれている（白い点線はそれを示すもの）。黒い円に磁場があるためで、磁場の影響で電子の波の位相がずれたことを示している

アインシュタインの重力理論では、空間や時間の測り方を変えても方程式の形は変わらないという条件から、重力の方程式が決まります。マクスウェルの電磁気理論では、電子の波の位相に対応する円が回転しても方程式の形は変わらないという条件から、電磁気力の方程式が決まります。つまり、二つの力の方程式はどちらも、ゲージ原理によって形が決まっている。これがワイルの重要な発見だったのです。

第3章でも説明したように、見方を変えても性質が変わらないことを「対称性がある」といいます。ゲージ原理で物差しを変えるのも「見方を変える」ことになるので対称性の一種です。これを「ゲージ対称性」と呼びます。電磁気力での円の回転も、重力理論で空

間や時間の測り方を変えるのも、ゲージ対称性です。

「高次元の通貨」を考えたヤン-ミルズ理論

アインシュタインは晩年に、重力と電磁気力の統一を研究課題としていたといわれています。しかし、すでに物理学の最前線から離れていた彼は、一九三〇年以降に発展した素粒子物理学の成果は考慮に入れていませんでした。重力と電磁気力しか視野になく、新しく見つかった二つの力、すなわち強い力と弱い力のことは考えなかったのです。

強い力と弱い力を説明するためには、ゲージ原理を拡張する必要がありました。このテーマに取り組んで答えを出したのが、楊振寧(ヤン・ジェンニーン)とロバート・ミルズの二人でした。その名をとって「ヤン-ミルズ理論」と呼ばれている理論が、強い力と弱い力のしくみを理解するための基礎となったのです。

ヤンとミルズが考えたのは、「高次元の通貨」でした。

電磁場を説明するためには、ぐるぐる回転する円を通貨の物差しと考えました。円の上の位置は「角度」という一つの数字で表されているので、電磁場の通貨の次元は「一次元」であるということができます。一つの数字を使うということでは、現実の通貨も同じです。もしかしたらあなたはいまこの本を喫茶店で読んでいるかもしれません。その場合、コーヒー代も本代も、同じ通貨で支払ったでしょう。「飲み物」と「読む物」はまったく違うので、その値打ちを測る単位はいろいろあっていいはずですが、それを測る通貨は一種類です。つまり電磁場にせよ、金融市場にせよ、通貨の次元は一次元でした。ヤンとミルズはこれを拡張して、高次元の通貨を考えることで、強い力と弱い力の説明を可能にしたのです。

ぐるぐると回転できるのは、円だけではありません。地球儀の表面のような球面も、回転させることができます。円の上の場所は角度だけで指定できるので円は一次元ですが、地球儀の上の場所を決めるには緯度と経度という二つの数が必要なので、球面は二次元です。この球面上の点を「二次元の通貨」として使えるようにしたのが、ヤン－ミルズ理論です。

一次元の円を通貨とする電磁場では、磁場のあるなしと、三角形が閉じているか開いているかの対応が重要でした。二次元の球面を通貨とするヤン－ミルズ理論でも磁場のようなものを考えることができ、そのあるなしは球面をつなぐ三角形が閉じているか開いているかで決まります（図5－7の上と中）。

電磁気力では円を回転させても磁場のあるなしが変わらなかったように、ヤン－ミルズ理論でも球面を回転させても磁場のあるなしは変わりません（図5－7の下）。この場合は、球面の回転の対称性が、ゲージ対称性になります。

円の回転は一方向だけなので、円の回転対称性は一次元であると考えます。これに対し、球面

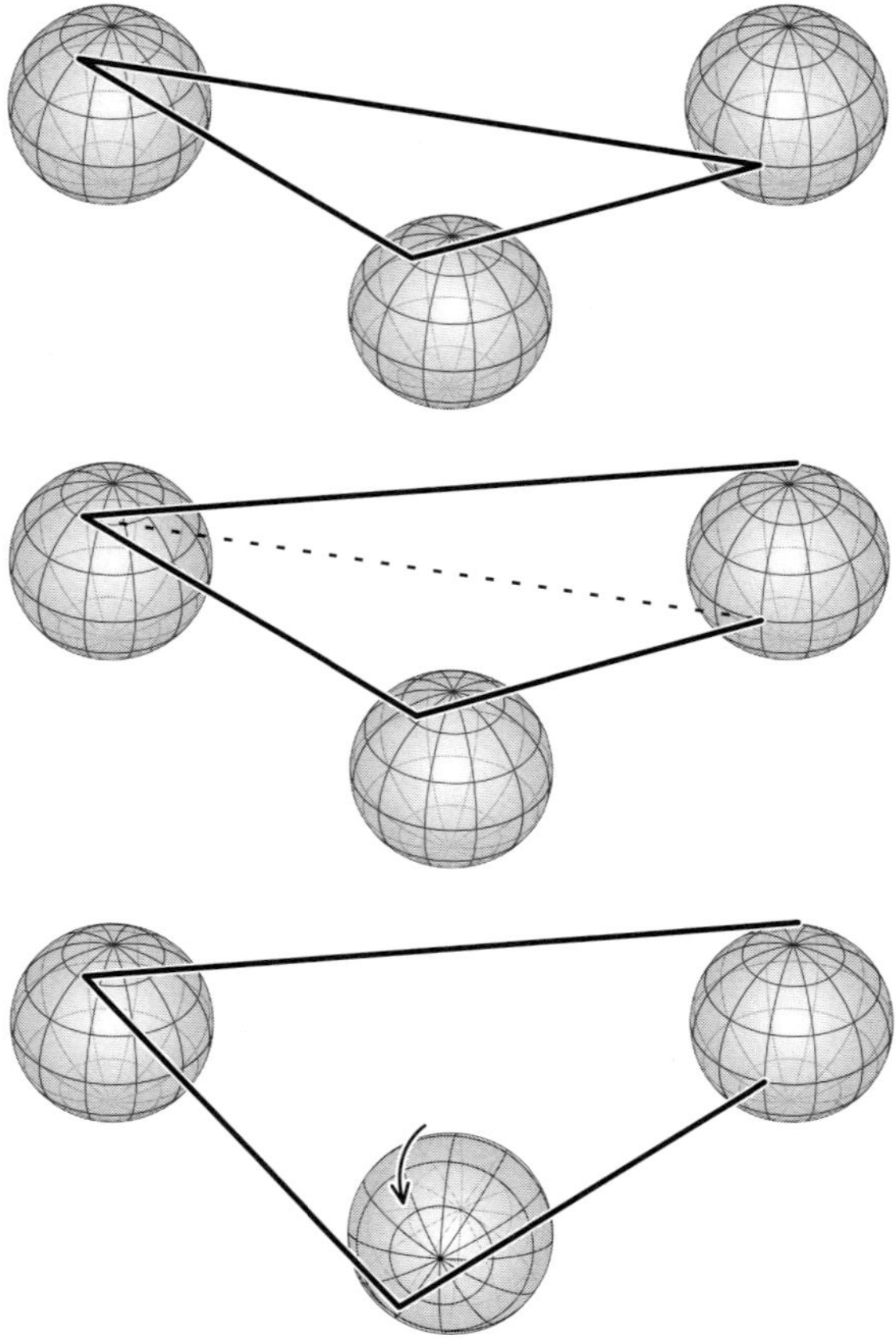

図５－７　ヤン‐ミルズ理論のゲージ対称性
上：三角形が閉じているときは、ヤン‐ミルズ場の「磁場」の値はゼロ
中：三角形が開いているときは、「磁場」の値はゼロではない
下：ヤン‐ミルズ理論のゲージ対称性は、球面の回転である

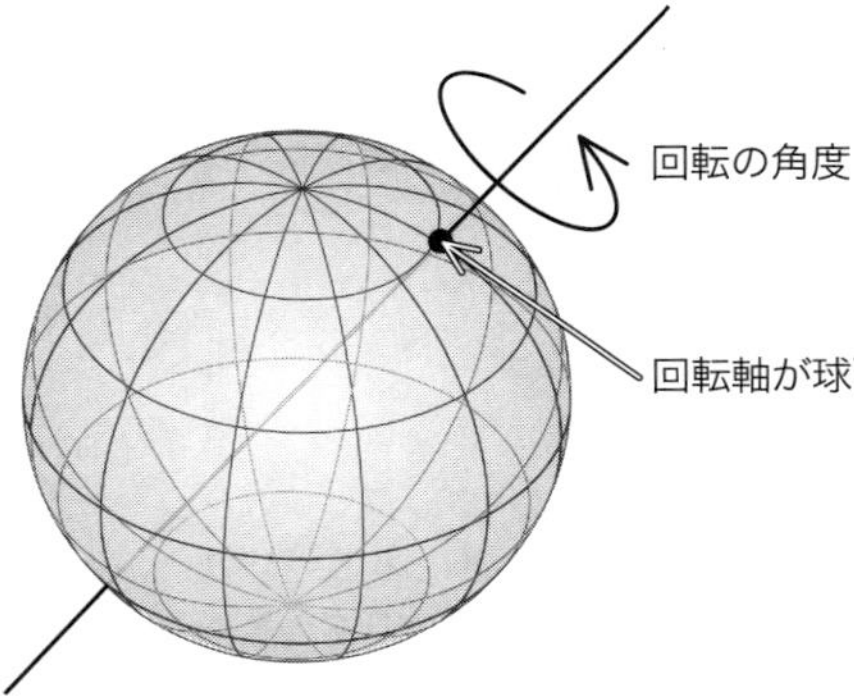

図５－８　球面の回転対称性は３次元
球面の回転のしかたを指定するためには、回転軸が球面を貫く位置（経度と緯度）と、回転の角度（大きさ）の３つの数字が必要である

の回転を決めるには回転軸が球面を貫く場所（二つの数字）と、回転の角度（一つの数字）という三つの数字が必要なので、球面の回転対称性は三次元です（図5－8）。一次元の円の回転対称性は一次元ですが、二次元の球面の回転対称性は三次元になるのです。

電磁気力と弱い力を統一し、素粒子の標準模型の要となった「ワインバーグ－サラム模型」という理論があります。この理論のゲージ対称性は、円の回転対称性（一次元）と、球面の回転対称性（三次元）を組み合わせたもので、全部で四次元となります。そして、この四次元の対称性が、電磁気力を伝える光子と、弱い力を伝えるW^+、W^-、Zという三種類の粒子、つまり全部で四種類のボゾンの性質を説明します（図5－9）。

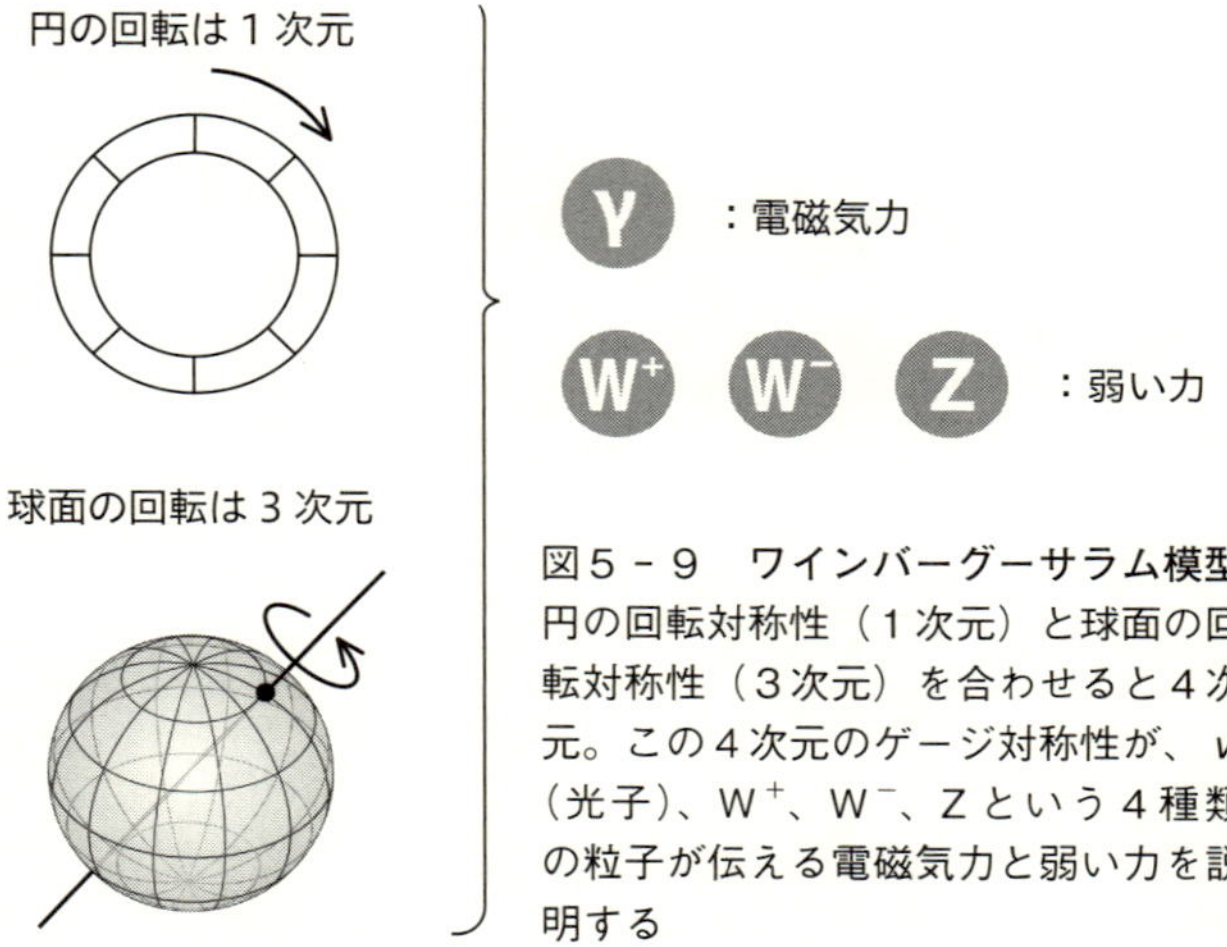

図5－9　ワインバーグ－サラム模型
円の回転対称性（１次元）と球面の回転対称性（３次元）を合わせると４次元。この４次元のゲージ対称性が、γ（光子）、W⁺、W⁻、Ｚという４種類の粒子が伝える電磁気力と弱い力を説明する

　このとき、次元の数とボゾンの種類の数がともに「四」なのは、決して偶然ではありません。三次元空間に住む私たちは回転できる丸いものというと円と球しか思い浮かべることができませんが、ヤン－ミルズ理論では四次元、五次元、六次元、……といった高次元空間でも球面のように対称性の高い通貨を考えることができます。たとえば、強い力を説明するのは、八次元のゲージ対称性です。そして、そこでは強い力を伝えるグルーオンも、それに対応して八種類あるのです。このように、通貨の対称性の次元と、力を伝えるボゾンの種類が一致するというのが、ヤン－ミルズ理論の骨子です。

　ワイルの発見したゲージ原理は、ヤン－ミルズ理論によって、自然界のすべての力の背後にある統一原理へと発展したのです。

Column

金本位制とヒッグス粒子

せっかくゲージ原理を金融相場のたとえで説明したので、二〇一二年に発見されたヒッグス粒子の意義についても、「金本位制」のたとえで解説したいと思いました。ところが、担当の編集者に相談すると、「為替市場を使うのはまだしも、金本位制まで持ち出されると……」と渋い顔をされてしまったので、ヒッグス粒子の話は本文からこちらのコラムに移すことにしました。超弦理論の解説とは直接関係はないので、わけがわからなくなったら、無視して先に進んでください。

ワイルのゲージ原理は、重力や電磁気力だけでなく、強い力と弱い力のしくみも説明します。ただし弱い力に使うためには、ひと工夫が必要でした。電磁波は真空中では光の速さでどこまでも伝わっていきますが、弱い力は原子核の直径の一〇〇分の一ぐらいしか伝わらないことが知られていました。ところが、ゲージ原理を弱い力にそのままあてはめると、弱い力が光の速さでどこまでも伝わることになってしまうのです。どうしたら弱い力が伝わる距離を抑えることができるのでしょうか。

外国為替市場では、相場の変動を抑える方法が知られています。金本位制にすればよいのです。全世界に共通の「金」の価値（金平価）を基準にして各国の通貨の単位を決めれば、裁定機会が生じそうになっても、これと比較することで、すぐにつじつまの合う為替レートに戻る。こうすれば為替相場のゆらぎを収めることができます。

弱い力が遠くまで伝わらないことを説明するためにも、この金本位制のアイデアが使われました。為替市場の通貨に対応して、弱い力でも仮想的な通貨の空間を考えます。金融市場で金本位制を導入することで為替相場のゆらぎが抑えられるように、弱い力でも、通貨の価値を固定することで、力の伝わる距離を短くすることができたのです。

金平価を導入すると、通貨の単位を取り換えるという「対称性」が破れます。これは物理学の業界で「対称性の自発的破れ」と呼ばれている現象です。いまから半世紀ほど前に、英国のピーター・ヒッグスらは、このアイデアを素粒子模型に使うと、新しい粒子が予言されることに気づきました。

二〇一二年に発表された、このヒッグス粒子の発見が重要だったのは、ゲージ原理と対称性の自発的破れが素粒子の世界の法則を支配しているというアイデアが、半世紀を経て、ついに実験で検証されたからです。

第6章

第一次超弦理論革命

SUPERSTRING

僕の前に道はない
僕の後ろに道は出来る
ああ、自然よ
父よ
僕を一人立ちさせた広大な父よ
僕から目を離さないで守る事をせよ
常に父の気魄《きはく》を僕に充たせよ
この遠い道程のため
この遠い道程のため

高村光太郎「道程」

カリフォルニア工科大学で、私の隣のオフィスで研究をしているジョン・シュワルツは、それまでボゾンにしか使えなかった弦理論をフェルミオンにも使えるようにした超弦理論の創設者のひとりです。また、この理論が重力を含んでいることを発見し、超弦理論を使って究極の統一理論をつくることを提案します。

「この発見をしたときに、超弦理論の研究に生涯をささげようと決意した」

のちに彼はそう語っています。

しかし、その後の道のりは険しいものでした。超弦理論は素粒子論の主流からは見向きもされず、シュワルツはほとんどひとりで、任期つきの不安定な職のまま、この理論の研究を続けることになります。そして、苦節一〇年の末ついに、この章で説明する大きな発見をするのです。

湯川秀樹は、自伝『旅人』（角川ソフィア文庫）に

未知の世界を探求する人々は、地図を持たない旅人である

と記しています。科学の研究はオアシスを求めて砂漠をさまようようなものです。地図がないので、どちらに行けばオアシスにたどりつけるのかわかりません。

道なき道をひとりで歩き、超弦理論を素粒子の究極の統一理論の候補として確立する業績をあげたシュワルツは、真の先駆者でした。

見捨てられかけた超弦理論

超弦理論の歴史のなかで、一九七四年はひとつの節目でした。第3章で述べたように、米谷、シュワルツとシェルクが、超弦理論が重力を含んでいることを発見した年です。シュワルツとシェルクは、この理論を使えば重力と量子力学を融合した究極の統一理論ができるのではないかと考えました。

ところが、シュワルツが「超弦理論の研究に生涯をささげよう」と決意したとき、ほとんどの物理学者はこの理論に目を向けなくなっていました。一九七〇年代中盤には、よりホットな研究テーマがあったからです。

それは素粒子の標準模型と、その基礎となる「場の量子論」の研究でした。場の量子論とは、電磁場などの「場」を使う理論に、量子力学をあてはめる方法のことです。今日では素粒子論の基本的な方法として確立していますが、一九六〇年代には素粒子現象、とくに強い力や弱い力の現象の説明には役に立たないと思われていました。

ところが、一九七〇年にオランダのヘラールト・トフーフトとマルティヌス・ベルトマンが、ゲージ原理にもとづく強い力や弱い力の理論に、くりこみの方法が使えることを証明します。第2章でお話しした無限大の問題は、強い力と弱い力についても起きるのですが、トフーフトとベルトマンのおかげで、この無限大を処理することができ、強い力と弱い力についても精密な計算ができるようになったのです。

これにより、場の量子論の威力が明らかになりました。

まず、一九七三年には、プリンストン大学のデイビッド・グロスとその学生フランク・ウィルチェック、ハーバード大学の学生だったデイビッド・ポリツァーが、場の量子論を使って、強い力の重要な性質を説明します。

たとえば電子のクーロン力は距離の二乗に反比例するので、距離が小さくなると力は大きくなります。このようにどんな粒子であれ、その間に働く力は近づくほど大きくなると考えられていました。ところが強い力だけは、粒子どうしが近づくと力が小さくなることが加速器実験で発見されたのです。いったいなぜなのか、問題になっていたところ、グロスたちは場の量子論によって、強い力のこの不思議な性質を説明したのです。

さらに同じ年、電磁気力と弱い力に関する大きな発見もありました。ゲージ原理と対称性の自発的破れによって二つの力を統一するワインバーグ－サラム理論の重要な予言が、ＣＥＲＮの加速器実験で確認されたのです。

それまで謎であった強い力と弱い力が、どちらも場の量子論で説明できることが明らかになり、ここに標準模型のかたちができあがりました。以後、場の量子論は素粒子論研究の主流となっていきます。小林誠と益川敏英のCPの破れの理論が発表されたのもこの頃です。

ハーバード大学の理論物理学者で、場の量子論の著名な研究者であったシドニー・コールマンは、当時の様子を回顧して次のように語っています。

それは、場の量子論の歴史的な勝利の時代であり、素粒子論の研究者として最高の時代でした。栄光に包まれた場の量子論の凱旋パレードは、遠くの国々から持ち帰った素晴らしい宝物にあふれ、沿道の観客はその偉大さに息を呑み、また喜びの歓声を上げたものでした。

物理学者たちにとっては場の量子論の数学的手法を開発し、それによって標準模型を実験的に検証することが急務となりました。こうして超弦理論は脇に置かれてしまったのです。

それでも、超弦理論が標準模型の理解に直結するものであったら、状況はまた違っていたでしょう。しかし当時は、超弦理論から標準模型を導く筋道がまったくわかっていませんでした。標準模型に欠かせないフェルミオンとボゾンの両方を含む理論であることはわかっていたものの、なにしろ超弦理論は九次元空間の理論です。そこから三次元空間の標準模型をどのように導出すればいいのか、見当もつかない状態でした。

パリティを破れないⅡ型の超弦理論

しかし、ほとんどの研究者が関心を向けないなかで、シュワルツだけは超弦理論の可能性を信じて研究を続けます。そんな状態が、一九七四年から、本章でお話しする第一次超弦理論革命が起きる一九八四年まで一〇年間も続きました。その間、シュワルツはカリフォルニア工科大学で任期つきの不安定な研究職にあったので、このように野心的な可能性に賭けるのには勇気がいったことでしょう。

ところでシュワルツが孤高の研究に取り組みはじめた当時、超弦理論には「Ⅰ型」と「Ⅱ型」の二種類がありました。Ⅰ型の超弦理論とは「開いた弦と閉じた弦」からできている理論で、Ⅱ型の超弦理論は「閉じた弦だけ」の理論です（図6－1）。

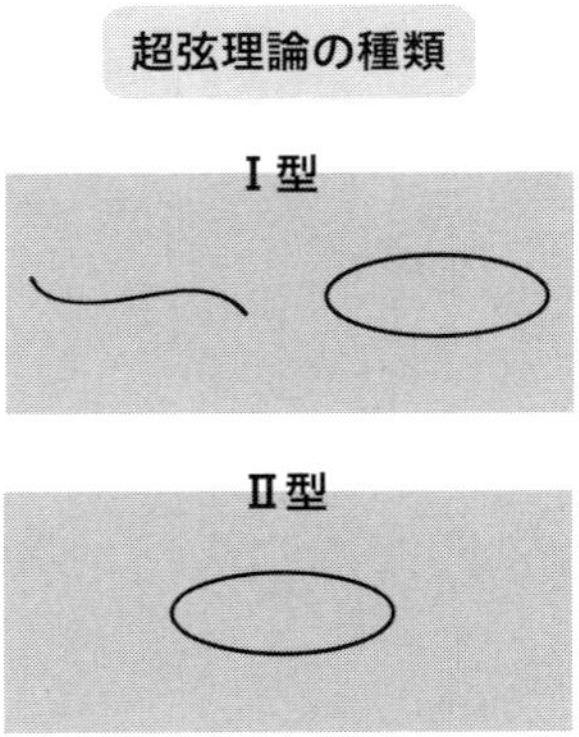

図6－1
上：Ⅰ型は開いた弦と閉じた弦の理論
下：Ⅱ型は閉じた弦だけの理論

「開いた弦だけ」の理論はないのか、と思われるかもしれませんが、開いた弦があると、必然的に閉じた弦も必要になるのです。開いた弦の描く軌跡を考えると、たとえば円を描

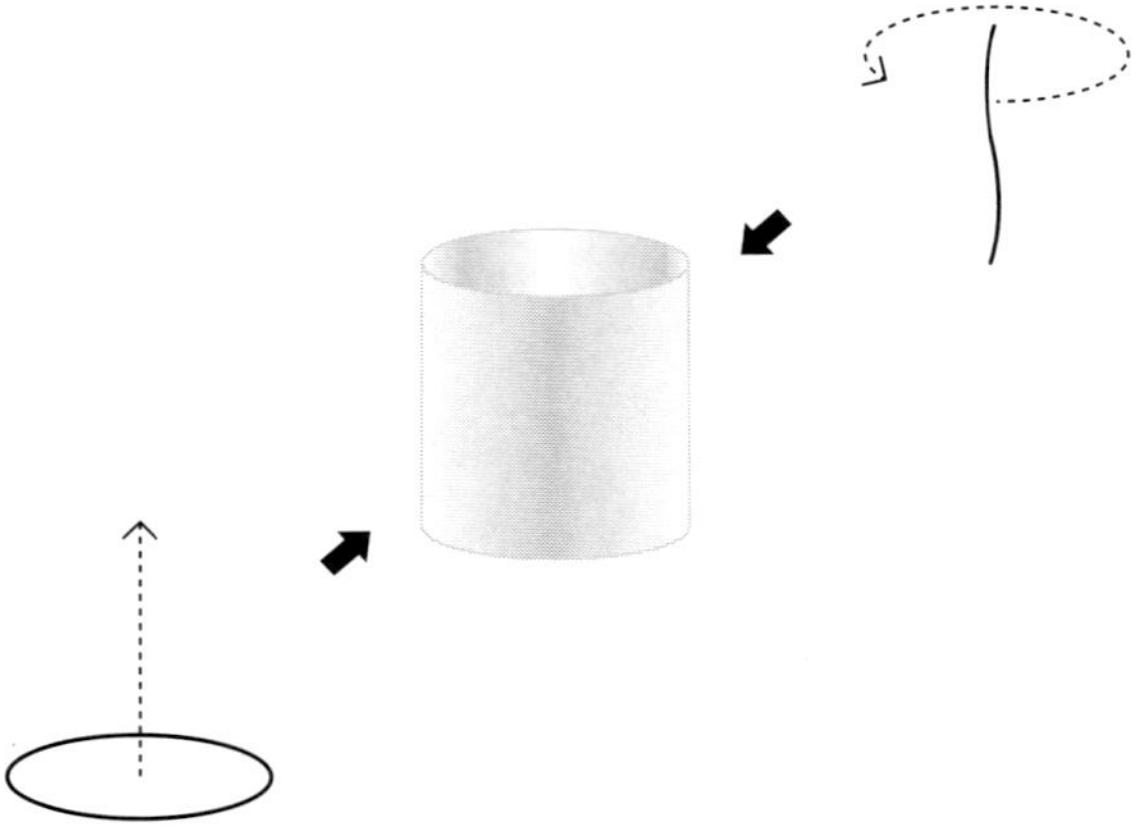

図6－2　開いた弦がぐるりと1周したときの軌跡は、閉じた弦がまっすぐ進んだときの軌跡と区別がつかない

くようにぐるりと一周したとき、それは閉じた弦が直交する方向に飛んでいるのと同じことになります（図6－2）。したがって、どうしても閉じた弦は現れるのです。一方、閉じた弦だけの理論は、開いた弦なしで成り立ちます。

このように、当時の理解では超弦理論には二つの種類があったのですが、閉じた弦だけを使うII型の超弦理論では、素粒子の模型がうまくつくれませんでした。三次元空間で素粒子の模型をつくろうとすると、弱い力に独特の性質である「パリティの破れ」が起こせないという問題があったのです。

「パリティ」とは「鏡像反転」のことです。ある法則にしたがって起きる自然現象が、鏡に映したように左右を入れ替えても同じ法則にしたがっているように見えるとき、その法則にはパリティの対称性があるといいます。二〇世紀の半ばまでは、自然界の基本法則はすべてパリティの対称性を持っていると信じられていました。ところが、弱い力によって原子核から放射線が出てくる様子を観察すると、鏡に映したときは違う方向に放射されていることがわかりました。つまり、弱い力はパリティの対称性を破っていたのです。

弱い力がパリティの対称性を破るしくみは次のようなものでした。電子などの素粒子は、限りなく小さいものであるにもかかわらず、自転（スピン）をするという性質があることがわかっています。その回転方向は、電子が進む方向に向かって「時計回り」と「反時計回り」の二種類がありえます。そして、弱い力の現象を観察すると、時計回りの素粒子だけに弱い力が働いていることがわかったのです。

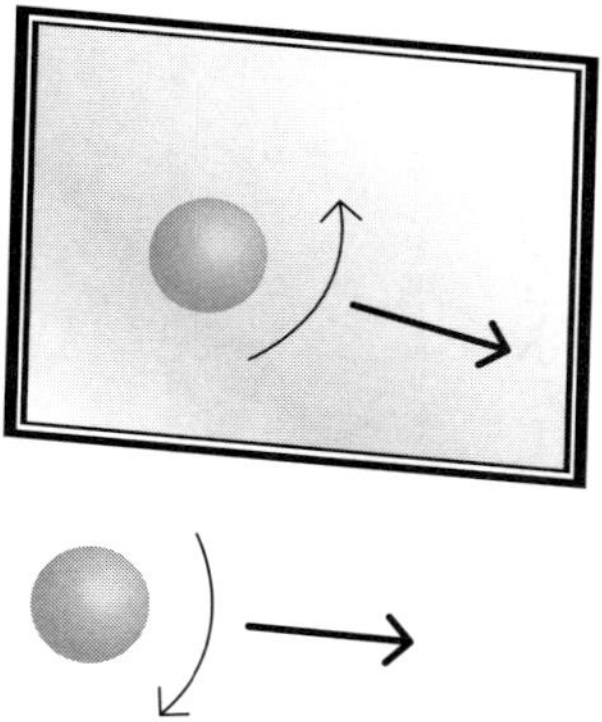

図6－3　進行方向に向かって時計回りに回転している粒子を鏡に映すと、反時計回りに回転しているように見える

時計回りにスピンしている素粒子を鏡に映すと、反時計回りにスピンしているように見えます（図6－3）。したがって時計回りの素粒子にだけ弱い力が働くとすると、鏡の中の世界では、反時計回りの素粒子にだけ弱い

力が働いているように見えます。こちら側と、鏡の中とで働き方が異なるので、弱い力はパリティの対称性が破れている粒子ということになるのです。

ところが、II型の超弦理論から三次元空間の素粒子模型をつくると、時計回りの素粒子と反時計回りの素粒子を入れ替えるという対称性が現れます。対称性があるということは、こちら側と鏡の中で、素粒子が同じ性質を持っているということであり、弱い力がパリティの対称性を破っているという事実と矛盾してしまいます。これがII型の超弦理論の問題でした。

「病気」を抱えていたI型の超弦理論

ところが、開いた弦も含むI型の超弦理論のほうも、実は深刻な問題を抱えていました。こちらは「アノマリー」という致命的な「理論の病気」にかかっていたのです。

第4章で、弦理論は二五次元、超弦理論は九次元の空間でなければ光子が質量を持ってしまうので、特殊相対性理論と矛盾するという話をしました。それは、光子の質量を計算するうえで弦の量子的なゆらぎが重要な影響を与えるからでした。

このように、量子的なゆらぎの効果で理論の整合性が失われてしまうことを、アノマリーといいます。アノマリーによって光子が質量を持ってしまうと、理論のつじつまが合わなくなり、これが巡りめぐって確率が負になったり、1より大きくなったりするわけです。それは理論が病気にかかっているために整合性が失われたといってもいいでしょう。

しかも、I型の超弦理論をさらによく調べてみると、空間が九次元であっても別の種類のアノマリーがあることがわかりました。重力理論のゲージ原理である一般相対性理論、すなわち空間や時間の測り方を変えても法則が変わらないという重要な原理が、壊れてしまうのです。これでは、重力と量子力学を統合する理論とはいえません。

I型の超弦理論には、九次元空間でもアノマリーがある。つまり、素粒子の標準模型を導けるかどうかを議論する前に、そもそも理論が病気にかかって破綻していた、と一九八四年以前には思われていたのです。

標準模型のアノマリーは相殺された

しかし超弦理論のみならず、素粒子の標準模型も実は、病気にかかっていた可能性がありま す。クォークの量子効果を計算すると、弱い力のゲージ対称性を壊すアノマリーが現れるので す。また、電子やニュートリノの量子効果も、同様のアノマリーの原因になります。ところが幸いなことに、この二種類のアノマリーは標準模型の中で相殺されていました。両方のアノマリーの効果を合わせるとゼロになるので、全体としては問題がなかったのです。

第3章の図3-14に掲げたとおり、クォークには六種類あります。標準模型では、この六種類のクォークを〔アップ／ダウン〕、〔チャーム／ストレンジ〕、〔トップ／ボトム〕と二種類ずつの組に分けていて、各々の組を「世代」と呼んでいます。つまり、クォークには三世代あります。世代というとなにやら家族関係があるような印象を受けるかもしれませんが、単純に素粒子を分類するための用語です。

一方で、六種類の電子・ニュートリノも、〔電子／電子型ニュートリノ〕、〔ミュー粒子／ミュー型ニュートリノ〕、〔タウ粒子／タウ型ニュートリノ〕と三世代になっています。

このように、両方の世代数が「三世代」でぴったり一致しているために、クォークが原因となるアノマリーと、電子・ニュートリノが原因となるアノマリーとが相殺されているのです。それはあたかも、どうすれば理論の数学的整合性がとれるかを自然があらかじめ知っていて、アノマリーがうまく相殺されるように世代数を調整したかのようです。

自然界の基本法則を解明していく道のりでは、先に進めば進むほど、数学的整合性の縛りが強くなっていくようです。これは、自然界の法則を基本原理から導きたいと望む物理学者にとって、望ましいことでもあります。素粒子の標準模型の枠内では、クォークがなぜ三世代なのかは説明できませんが、クォークの世代数が何らかの理由で決まりさえすれば、電子・ニュートリノの世代数はアノマリーの相殺という条件から決まってしまうのです。

「三二次元の回転対称性だ」

話をI型の超弦理論に戻しましょう。なんとかしてアノマリーの問題を解決し、「理論の病気」を治さなくては——。ほとんど注目されていなかった超弦理論にあえて挑んでいたシュワルツにとって、これは正念場でした。

シュワルツは若手研究者のマイケル・グリーンの協力を得て、この問題に取り組みました。カリフォルニア工科大学に籍をおくシュワルツと、ロンドンのクィーン・メアリー大学に籍をおくグリーンはお互いを訪問しあうとともに、毎年夏休みにはコロラド州にあるアスペン物理学センターで共同研究を続けました。

そして、一九八四年の夏を迎えます。それは弦理論が重力を含むことをシュワルツらが発見してから、ちょうど一〇年後の夏でした。シュワルツはアスペンで「高次元における物理」と題した研究会を開催しました。もちろん、グリーンも参加していました。研究会の合い間にも、彼らはアノマリーの計算を検討しました。標準模型ではクォークと電子・ニュートリノのアノマリーが相殺されるのだから、超弦理論にもアノマリーを相殺する方法が何かあるはずだ——二人はそう考えていました。

ある日、二人はある研究者の講演を聞きに出かけました。その道すがら、シュワルツは何かひ

図6－4　マイケル・ボリス・グリーン（左・1946-）と
ジョン・ヘンリー・シュワルツ（1941-）

らめくものがあって、グリーンにこう話しかけました。

「ゲージ対称性をうまく選べば、アノマリーが相殺できるように思う」

前章でゲージ原理の説明をしたとき、仮想的な通貨の空間というものを考えました。電磁気力の場合、この通貨は一次元の円でした。電場や磁場のあるなしは、円を回転しても変わらない。これがゲージ原理であり、円の回転の対称性が、電磁気力のゲージ対称性でした。

そして電磁気力のゲージ原理を拡張したヤン－ミルズ理論では、高次元の球面を通貨とすることができ、その場合は高次元の空間の回転対称性が、ゲージ対称性となりました。

I型の超弦理論にも、このようなゲージ対

称性があります。そして、回転対称性を考える空間は何次元でもよいとされていました。シュワルツは、その回転対称性が特別な次元のときにだけ、アノマリーが相殺されるのではないかと考えたのです。

研究者の講演が始まっても、グリーンはシュワルツの言葉を考えていました。そして講演が終わったとき、彼はシュワルツに向かって言いました。

「三二次元の回転対称性だ」

それが、I型の超弦理論におけるアノマリーの問題が解決した瞬間でした。しかし、グリーンはいったいどこから「三二」などという数字を持ちだしてきたのでしょうか。それは、超弦理論の空間の次元が九であることと密接な関係があります。時間も含めると、超弦理論の時空間は一〇次元。この一〇を二で割ると五になり、二の五乗を計算すると三二になるというのが、グリーンが講演の間にしていた計算だったのです。

彼らがこの発見を最初に発表したのは、なんとコメディ劇の舞台上でした。グリーンとシュワルツが共同研究をしていたアスペン物理学センターでは、物理学者たちの交流を深めるために、さまざまなイベントが催されています。その年の夏は、物理学者たちが自ら脚本・演出・出演をするコメディが上演され、シュワルツはその劇中でマッド・サイエンティストの役を演じました。彼は舞台に登場するやいなや、大声でこんな台詞を叫んだのです。

「私は究極の統一理論を発見した！　九次元空間の中のひもを考えて、三二次元の回転対称性があれば、そのときだけアノマリーが相殺されて……」

ここで白衣を着た看護師たちが現れ、シュワルツを担架に乗せて外に担ぎ出す、という筋書きです。

実際、これはそんなふうに叫びたくなっても当然の大発見でした。I型の超弦理論のアノマリーを相殺する方法が見つかっただけでも大変なことなのですが、それに加えて、使える理論が一つしかないとわかったことに大きな意味があります。

もともと超弦理論は、それまでの理論がすべて「次元フリー」だったのに対し、空間の次元が九次元と、一つに決まってしまうことに大きな特徴がありました。それがさらに、ゲージ対称性も「三二次元の回転対称性」と一意に決まることがわかったのです。これは「基本法則は理論の整合性から一意に決まるべきである」という理論物理学者の期待に沿うものでした。

たとえば素粒子の標準模型のように、粒子の質量や世代数などを決められず、与えられたものとして受け入れるしかない理論を、私たちは美しいとは思えません。「理論的には何でもアリだが現実はこうなっている」というのでは、原理的に何かを説明したことにならないからです。

グリーンとシュワルツの理論は、理論の数学的整合性によってゲージ対称性をただ一つに決めたという点で、実に美しいものでした。こうして、素粒子の標準模型と結びつく超弦理論はI型の超弦理論一つに絞られたのです。

超弦理論と弦理論の「結婚」：ヘテロティック弦理論

一九八四年に起きた超弦理論の爆発的な発展は、「第一次超弦理論革命」と呼ばれています。そこではシュワルツたちの発見のほかに、二つの重要な出来事がありました。

一つは「ヘテロティック弦理論」の発見です。

I型の超弦理論でアノマリーを相殺できるのはゲージ対称性が三二次元の回転対称性である場合に限られる、としたグリーンとシュワルツの計算をくわしく見てみると、アノマリーを相殺するための条件を満たすゲージ対称性が、実はもう一つあることがわかりました。ただし、これは空間の回転対称性としては表せない不思議な対称性で、数学では「例外群《れいがいぐん》」と呼ばれているものでした。I型の超弦理論には、この例外群の対称性を組み込むことはできませんでした。

しかし、どんなものであれアノマリー相殺の条件を満たすゲージ対称性がもう一つあるのなら、それを実現する弦理論があってもよさそうなものだ。プリンストン大学のデイビッド・グロス、ジェフリー・ハーベイ、エミール・マルティネック、ライアン・ロームの四人は、このよう

2つの理論の「結婚」

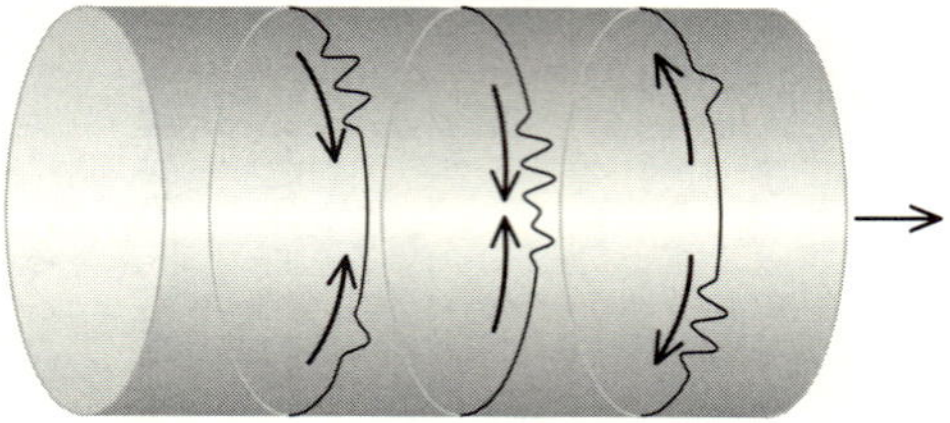

図6－5　弦の進行方向に向かって時計回りに伝わる振動と、反時計回りに伝わる振動は、衝突しても崩れずに通り抜けるので、互いに独立した振動と考えることができる。ヘテロティック弦理論では、時計回りの波は「九次元＋グラスマン数」の超空間で、反時計回りの波は二五次元空間で振動していると考える

な問題意識を持ちました。このうちグロスは、強い力の不思議な性質を場の量子論で説明した物理学者です。

プリンストンの四人組はまず、「閉じた弦」だけのII型の超弦理論について考えました。しかし、さきに述べたように、この理論ではパリティの対称性を破れないので、弱い力についての説明ができません。

そこで彼らは、次のようなとんでもないことを考えたのです。

閉じた弦が空間を移動すると、ペンネのような筒状の軌跡を描く。この弦が振動をすると、筒の上を波が伝わっていく。この波には、弦の進行方向に向かって、筒を時計回りに回るものと、反時計回りに回るものの二種類がある（図6－5）。この二つの波は、衝突しても相手を通り抜けてしまうので、独立した波と考えることができる。

では、この時計回りの波の振動と、反時計回りの波の振動が、別々の空間で起きているとしたらどうだろうか？

超弦理論は「九次元＋グラスマン数」の超空間の中で弦が振動していると考えます。一方で、南部と後藤の弦理論は二五次元の空間でしか意味がありません。

プリンストンの四人組は、この二つの理論を「結婚」させることを考えました。時計回りの波は「九次元＋グラスマン数」の超空間で、そして反時計回りの波は二五次元空間で振動しているというのです。これでは、いったい私たちはどちらの空間で暮らしているのかわからなくなります。しかし四人組は、それぞれの波が別々の次元で振動していると考えても、数学的には何の矛盾も起きないことに気がつきました。しかも、そう考えるとよいことがあったのです。

一つは、II型の超弦理論と違ってパリティの対称性を破ることができたこと。これは、時計回りの振動と、反時計回りの振動を区別していることからわかります。そしてもう一つは、この新しい理論は、アノマリー相殺条件を満たす三二次元の対称性のほかの、もう一つのゲージ対称性、つまり例外群の対称性を実現できたことです。

プリンストンの四人組は、この理論を「ヘテロティック弦理論」と名づけました。「ヘテロ」は「異質な」を意味するギリシア語由来の接頭辞で、ここでは、九次元の超弦理論と、二五次元の弦理論という異質なものを合わせたという意味です。

パリティの対称性を破り、しかもアノマリー相殺ができる理論は、三二次元の回転対称性をゲージ対称性とするI型の超弦理論だけだと思っていたら、実はもう一つあった。これは「統一理論の一意性」という期待からは、一歩後退する発見ともいえます。しかし、この新しい弦理論の発見は、その後の超弦理論の大きな発展につながりました。

カラビ－ヤウ空間で九次元をコンパクト化

第一次超弦理論革命のもう一つのエポックは、次元にまつわる発見でした。

すでに述べたとおり、超弦理論では空間の次元が九次元と一意的に決まりました。しかし素粒子の標準模型は三次元の理論なので、超弦理論からそれを導出するには、六つの余剰次元をなんとかしなければならないという問題がありました。

その道筋をつける研究に先鞭をつけたのが、テキサス大学のフィリップ・キャンデラス、カリフォルニア大学サンタバーバラ校のゲリー・ホロビッツ、プリンストンにある高等研究所の研究員だったアンドリュー・ストロミンジャー、そして、当時プリンストン大学で教鞭を執っていたエドワード・ウィッテンでした。とくにウィッテンはその後の超弦理論研究においてリーダーとなった人物なので、本書でもここからはしばしば登場します（そもそも、グリーンとシュワルツ

図6－6　ピエロには小さく丸まった次元が見えない

が解決したアノマリーの問題を指摘したのも、ウィッテンと、彼の共同研究者ルイ・アルバレ＝ゴメでした）。

彼らは次のようなアイデアを用いて、余剰次元の問題に挑みました。

図6－6のように綱渡りをしているピエロがいるとします。綱に沿って前後にしか移動できないピエロにとって、綱は一次元です。しかし、綱を拡大してよく見ると、その表面ではアリが歩き回っています。小さなアリにとっては、綱の表面は二次元の面になります。しかし、その「二つ目の次元」は小さく丸まっているので、ピエロにはわかりません。つまり、二次元の表面を持つはずの綱でも、「遠目」で見ると一次元の曲線に見えるというわけです。

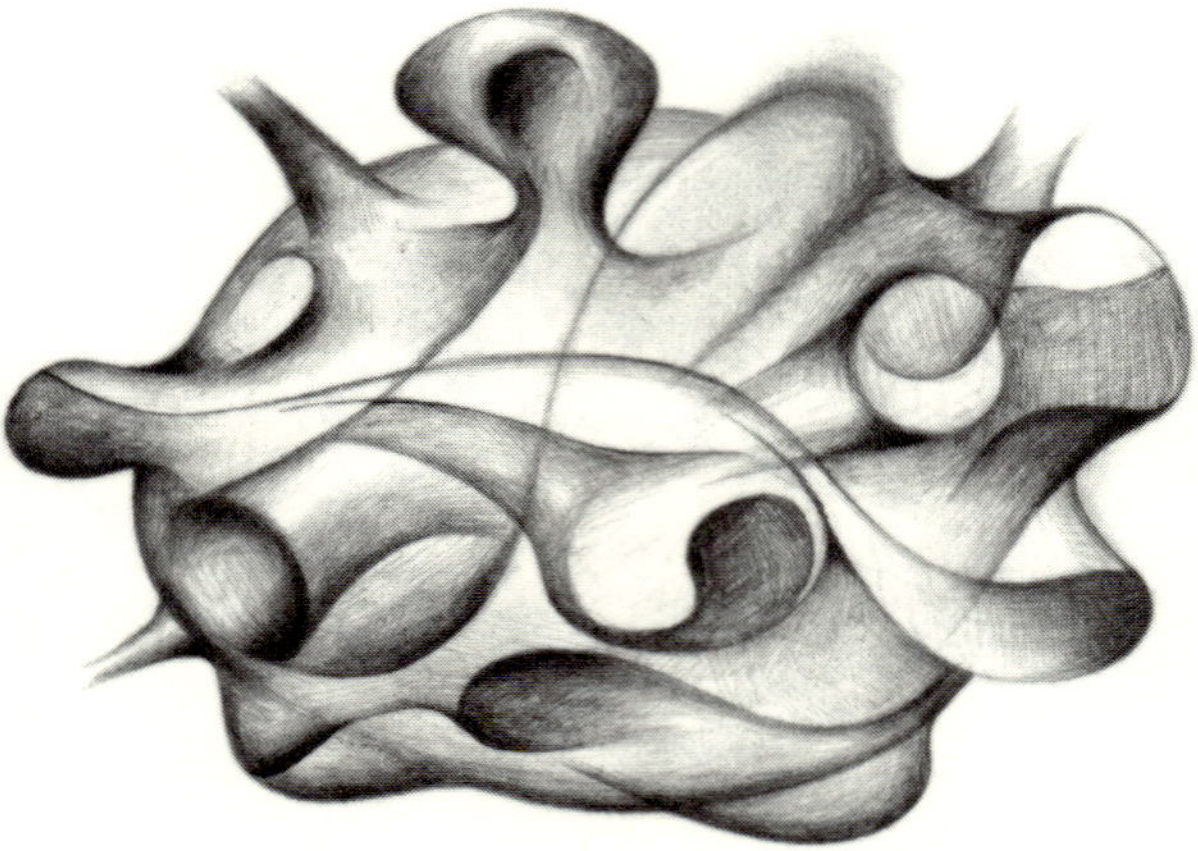

図6－7　カラビ－ヤウ空間は6次元空間なので、そのままでは紙の上に描くことはできない。しかし3次元の立体が2次元の写真に撮れるように、高次元の物体も2次元に投影することはできる。カラビ－ヤウ空間をある方向から2次元面に投影すると、このように見える

空間の方向、すなわち次元の一部が小さくなることで、実質的に次元が下がることを「コンパクト化」と呼びます。余剰次元をコンパクトにする、ということです。

ならば九次元の超弦理論でも、よけいな六つの次元をコンパクト化すれば、三次元空間の理論になるはずだ。ウィッテンたち四人は、そう考えたのです。

では、どのようにしてコンパクト化すればよいのでしょうか。ウィッテンらは、私たちの三次元空間をうまく説明できる条件とは何かを調べました。そして、コンパクト化したときにその条件をぴったり満たす六次元空間が、六年前の一九七八年に数学者によって見つかっていたことを知りました。これを「カラビ－ヤウ空間」といいます（図6－7）。

ペンシルバニア大学のエウゲニオ・カラビは一九五〇年代に、このような六次元空間が数学的に存在することを予想していました。「空間」というと三次元空間を思い浮かべがちですが、数学では何次元の空間でも考えることができます。

空間が「数学的に存在する」とは、次のような意味です。たとえば平面の上には、内角の和が一〇〇度になる三角形は「数学的に」存在しません。存在するのは、内角の和が一八〇度の三角形のみです。三角形ならば実際に紙の上に描いて確認することができますが、次元が高くなると、数学を使って考えるしかなくなります。二〇〇三年にロシアの数学者ペレルマンが証明して話題になった「ポアンカレ予想」は、ある種の性質を満たす三次元空間は一種類しか存在しないことを「数学的に」示したものでした。

同じようにカラビは、ある種の条件を満たす六次元の空間が「数学的に存在する」と予想したのです。そして、そのような六次元空間を使って九次元空間をコンパクト化すると、私たちの三次元空間の性質やそのなかの素粒子模型がうまく説明できるというのが、ウィッテンたちの発見でした。しかし、筋書きがうまくいくためにはカラビが予想した六次元空間が「数学的に存在」しなければなりません。幸いなことに、カラビの予想は一九七八年に丘成桐（ヤウ・シン＝トゥン）によって証明されていました。そこで、このような空間がカラビ－ヤウ空間と呼ばれているのです。

図6－8　丘成桐《ヤウシン＝トゥン》(1949-)

私たちの三次元空間の素粒子現象を説明する標準模型は、三世代のクォークや、三世代の電子とニュートリノ、その間に働く電磁気力・強い力・弱い力、また、対称性を自発的に破るヒッグス粒子など、さまざまな要素が組み合わさってできています。ウィッテンたちはI型の超弦理論やヘテロティック弦理論によって決まる九次元の空間を、カラビ－ヤウ空間を使って三次元にコンパクト化すると、これらの要素がすべて現れることを示しました。

九次元の超弦理論から出発して、三次元空間の素粒子の標準模型を導く道筋ができたのです。

カラビ－ヤウ空間のオイラー数が「世代数」を決める！

ところで、カラビ－ヤウ空間にはいろいろな種類があります。そのうちどのような六次元空間を使うと、三次元でどのような素粒子模型がつくられるか、ウィッテンたちはその対応関係の一部も明らかにしました。

たとえば標準模型には〔アップ／ダウン〕、〔チャーム／ストレンジ〕、〔トップ／ボトム〕と、

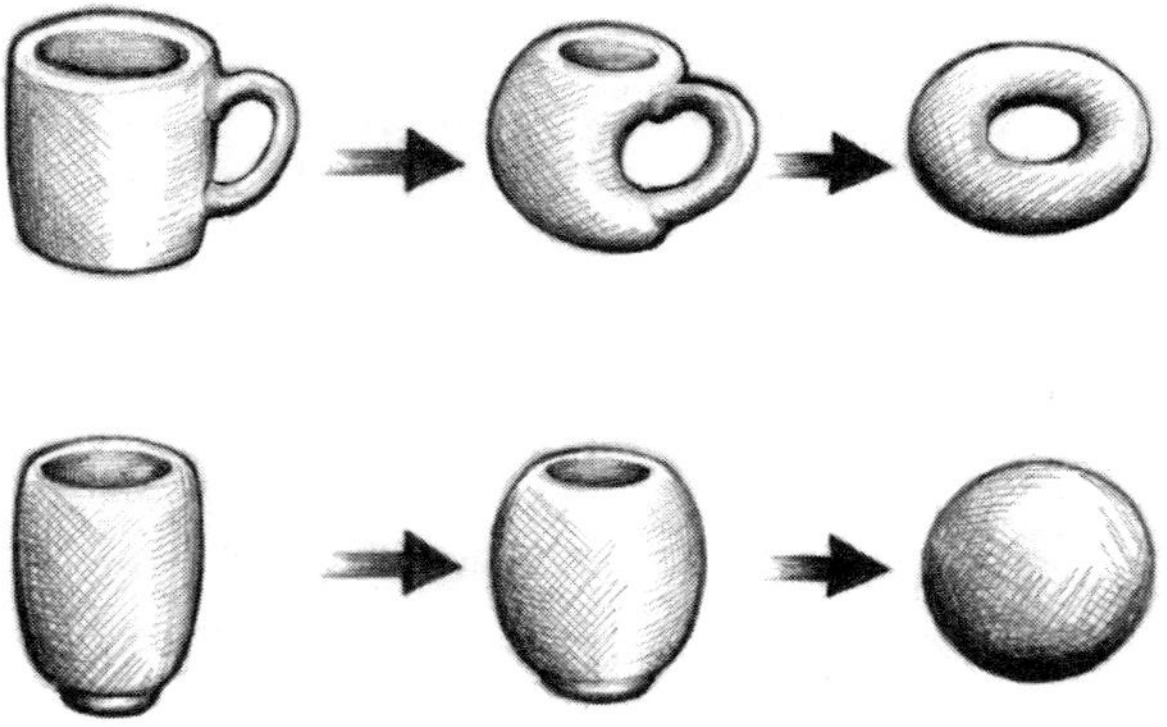

図6－9　コーヒーカップとドーナツは、トポロジー的には同じ。湯呑み茶碗と球面も、トポロジー的には同じ

クォークが三世代あります。彼らはこの「世代の数」が、カラビ－ヤウ空間の幾何学的性質で決まる、具体的には「オイラー数」と呼ばれる数が、世代の数を決めることを導きました。

このオイラーとは、第4章で登場した数学者オイラーにほかなりません。彼は「トポロジー」という数学の一分野の創始者でもありました。図形を連続的に変形しても変わらないものは何かを考えて、図形を大雑把に分類する方法を編み出したのです。

その説明によく使われるのが、コーヒーカップとドーナツです（図6－9）。両者は一見するとまったく違う形ですが、表面を連続的に変化させると、カップがドーナツになることがわかります。一方、球面はどうがんばっても、持ち手のない湯呑み茶碗にしかなりません。表面を連続的に変化させるとき、「穴を空ける」という操作はできないからです。つまり、トポロジー的に見ればコーヒーカップとドーナツの表面は同じ種類ですが、球面は別な種類なのです。

この球面とドーナツの表面の違いを、数字を用いてはっきり表すものがオイラー数です。球面のオイラー数は二、ドーナツの表面のオイラー数はゼロとなります。オイラー数が異なるものには、連続的に変化させることはできません。

オイラー数の計算方法を説明します。球面やドーナツの表面は、三角形の組み合わせとして表すことができます。これを「三角形分割」と呼びます。たとえば四つの三角形でつくった四面体を滑らかに丸めていけば、球面になるでしょう。これは、球面が四つの三角形に分割できるということです（図6－10）。オイラー数は、三角形分割された表面の「面」と「辺」と「頂点」の数から計算されます。その公式は、次のようになります。

（オイラー数）＝（面の数）－（辺の数）＋（頂点の数）

球面は四つの三角形に分割すると面の数は四、辺の数は六、頂点の数は四なので、オイラー数は二となります。この答えは、別な分割のしかたを考えても変わりません。試してみてくださ

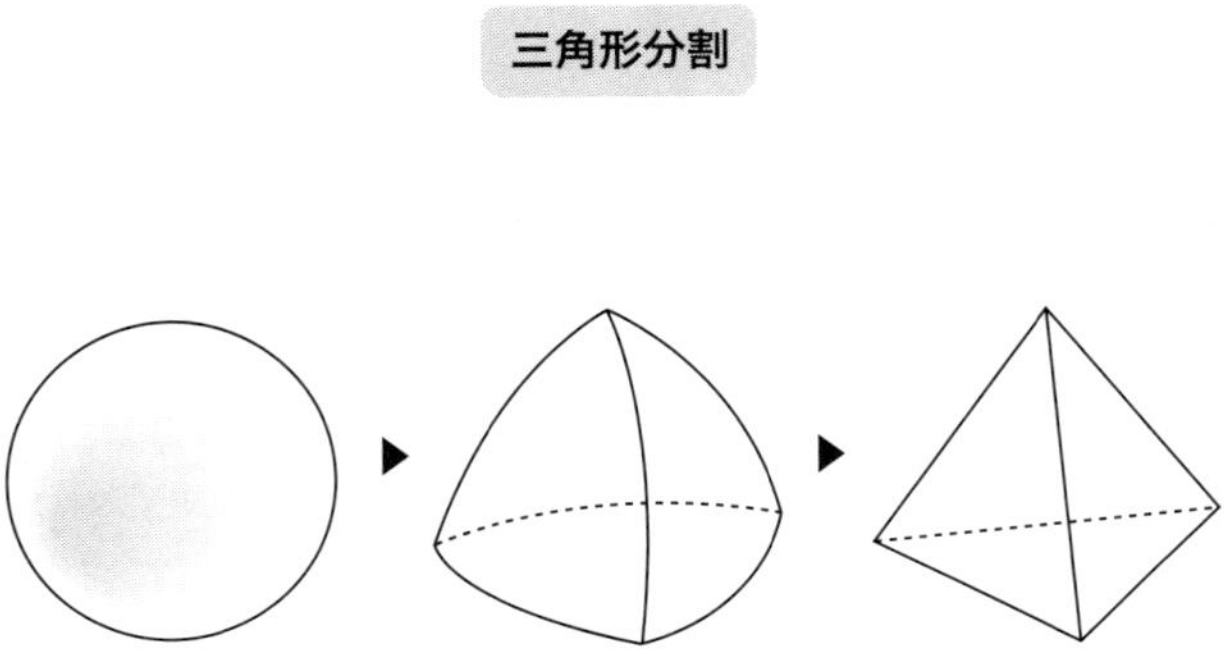

図6－10　球面は4つの三角形に分割することができる

い。同じような計算をすると、ドーナツの表面のオイラー数はゼロになります。

この公式は二次元面のオイラー数を求めるものですが、オイラー数は高い次元でも考えることができます。ウィッテンたちは六次元のカラビ－ヤウ空間の特徴が、三次元の素粒子模型のどのような性質を決めるのかを調べました。その結果、カラビ－ヤウ空間のオイラー数が、その空間を使ってコンパクト化した三次元空間でのクォークの世代数を決めることを示したのです。正確には、オイラー数の正負の符号をとった絶対値が、クォークの世代数の倍になっていることをつきとめたのです。

つまり、私たちの三次元空間でクォークの世代数が「三」なのは、オイラー数の絶対値が「六」のカラビ－ヤウ空間を使ってコンパクト化したからなのです。

素粒子の標準模型では、クォークの世代数がなぜ三なのか、なぜ二や四ではいけないのかは、説明されていません。実際、クォークの世代数と電子やニュートリノの世代数が等しく、アノマリーが相殺されていれば、何世代であっても理論的にはつじつまが合うはずです。にもかかわらずなぜ「三」なのかは、現在の標準模型の枠内にとどまるかぎり永遠に説明できないでしょう。

もちろんウィッテンたちも、なぜ「三」なのかという問いにダイレクトに答えを出したわけではありません。しかし彼らは、素粒子の世代数の問題を、より本質的な問題に落とし込むことに成功しました。「なぜ素粒子の世代数は三なのか」という問いを「なぜオイラー数の絶対値は六なのか」という幾何学的な問いに置き換えたのです。この問いは、こう言い換えることもできます。カラビ－ヤウ空間にもいろいろあるのに、なぜオイラー数の絶対値が六のカラビ－ヤウ空間が選ばれたのか？　より端的にいえば、こうなります。

さまざまなカラビ－ヤウ空間があるなかで、
なぜ「この」カラビ－ヤウ空間が選ばれたのか

ここで「この」というのは、コンパクト化した三次元空間で素粒子の世代数が三になるような、という意味です。

この問題なら、数学的に解ける可能性があります。さまざまなカラビ－ヤウ空間はすべて、超弦理論という枠組みの中の一つの状態として存在しているので「この理論の中で、なぜこの状態が選ばれたのか」という問いを設定することができるからです。どのくらい難問なのかは別にして、少なくとも問題を提示することはできるのです。

これに対して標準模型では、世代の数が異なると、そもそも別の理論になってしまいます。理論を決めると世代数が決まってしまうので、なぜ標準模型の枠内ではこの世代数が選ばれるのかという問いには、意味がないのです。

人間原理への抵抗

では超弦理論の中で、カラビ－ヤウ空間はどのようにして選ばれているのでしょうか。なぜ私たちの三次元空間になるような（そして、素粒子の世代数が三になるような）カラビ－ヤウ空間が選ばれたのでしょうか。まだその答えは出ていません。

いまのところ、考えられているのは次の三つの可能性です。

（1）「この」カラビ－ヤウ空間でないと、理論的につじつまが合わなくなる。

（2）さまざまなカラビ－ヤウ空間から、宇宙の進化の過程で特別なものが選ばれた。
（3）すべてのカラビ－ヤウ空間は、可能な宇宙の姿として存在しうる。
（3―A）そのなかで偶然に「この」カラビ－ヤウ空間になった。
（3―B）人間原理などの理由で「この」カラビ－ヤウ空間が選ばれた。

素粒子研究者がもっとも美しいと考える答えは、数学的な整合性から「このカラビ－ヤウ空間でなければいけない」と一意的に決まる（1）です。その対極にあるのが、「人間原理」を持ち出す（3―B）でしょう。

人間原理とは「宇宙のさまざまな物理定数は、人間が存在することによって条件づけられている」という考え方のことです。

人間原理が間違いなくあてはまるのは、太陽と地球の距離についての説明です。地球は太陽から一五〇〇億メートル離れています。もしこの距離が遠すぎても近すぎても、地球には人類どころか生命さえ誕生できなかったはずです。水が凍っても、水蒸気になっても、生命の源である海はつくられない。ちょうどいい気候条件になる絶妙の距離だったから、私たちはこの惑星に生まれ、太陽との距離を測ることもできたわけです。

では、電磁気力の強さ、ニュートンの重力定数、さらには宇宙の暗黒エネルギーの総量などはどうでしょうか。たとえば暗黒エネルギーの量が現在観測されている値と異なっていたとすると、星や銀河が生まれず、したがって私たち人類のような知的生命体は生まれることはなかったと考えられます。そこで「知的生命体が生まれないような宇宙には、それを観測する者もいない。宇宙は一つではなく、物理定数の異なる宇宙がたくさんあって、観測者が存在できる物理定数の宇宙しか観測されないのだ」と考えるのが人間原理です。

人間原理を嫌う物理学者が多いのは、それを認めると、理論の予言能力が著しく弱まるからです。自然界には基本法則があって、すべての現象は、原理的にはそこから導くことができる――物理学者はそう期待しています。(3) のようなシナリオは、この目標を部分的にあきらめることになるので、(1) や (2) の可能性を調べつくしたうえでなければ受け入れられないのです。

とはいえ、もちろん自然界の法則は研究者の好き嫌いで決まるわけではありません。ウィッテンは人間原理の考え方について、

「個人的には間違っていたほうがうれしいのですが、
宇宙が創造されたときには、誰も私に相談してくれませんでした」

と語っています。ちょっとわかりにくいかもしれませんが「宇宙ができたときに私に相談してく

れていたら、人間原理のいらない法則を考えてあげたのに」という理系ジョークです。

人間原理の好き嫌いはともかく重要なのは、どのシナリオにせよ、世代数の起源などといった標準模型の枠内では説明できる可能性すらなかった問題に、超弦理論によって解決できる道筋がついたことです。カラビ－ヤウ空間が与えられることで答えの出る問題は、実は素粒子の世代数だけではありません。電磁気力の強さや電子の質量など、標準模型では天下り的に与えられていた量は、すべてカラビ－ヤウ空間の幾何学的性質から決まっているのです。

超弦理論から出発して、三次元空間の素粒子の質量や力の強さなどを導くためには、カラビ－ヤウ空間の性質をもっとよく理解しなければなりません。しかしこの空間はきわめて複雑な構造になっていて、まだまだわからないことがたくさんあります。

たとえば、カラビ－ヤウ空間の中にある二点間の距離を測る公式さえ、いまだにわかっていません。英語の「ジオメトリー（幾何学）」の語源はギリシア語の「ジオ（地球）」と「メトリア（測る）」ですから、距離が測れるということは幾何学の基礎です。それができなければ、何から計算を始めてよいかもわかりません。その問題の解決は、第一次超弦理論革命が起きてから一〇年の間の、私の研究テーマでもありました。それについては、次章でお話ししましょう。

Column
学問の多様性

一九九三年に発効した生物多様性条約は、生物の多様性の保全、その持続可能な利用、またそれから生ずる利益の公正かつ衡平な配分を目的とした国際条約です。現在、生物の絶滅のスピードは、人間が関与しない状態の一〇〇〇倍から一万倍といわれていて、地球上の生態系から多様性が失われつつあるのではないかという心配があります。多様な生物がいることは、地球環境の安定性にとっても重要であるとの意見もあります。

学問の世界においても、多様性は大切です。最近は日本でも米国でも、国家財政の逼迫《ひっぱく》のため、研究分野の「選択と集中」ということがいわれています。限られた資金を有効に利用するためには戦略的な配分が必要なのは当然です。しかし、研究分野や研究手段の多様性も確保しておかないと、学問がやせ細ってしまう心配があります。

たとえば、一九七〇年代の場の量子論全盛の時代にシュワルツが超弦理論の研究をコツコツと続けられなければ、第一次超弦理論革命も起こらず、それ以後の爆発的発展もなかったでしょう。

シュワルツが研究を続けられたのは、何より彼自身の強い意志があったからですが、それを支えた環境のおかげでもありました。シュワルツが自らの信念に従って孤高の道を歩んでいたとき、カリフォルニア工科大学の教授であったマレー・ゲルマンは、彼のために十分な研究費を確保し、任期つきの職ながら安心して研究が続けられるように取りはからいました。ゲルマンはのちに、「超弦理論のような絶滅に瀕している分野のために、保護区を設けたのだ」と語っています。また、同大学の前学長ジャン＝ルー・シャモーは、二〇一二年に次のようなスピーチをしています。

科学の研究が何をもたらすかをあらかじめ予測することはできないが、真のイノベーションは人々が自由な心と集中力を持って夢を見ることのできる環境から生まれることは確かである。

ゲルマンのような目利きが見守っていたからこそ、シュワルツも自由な心と集中力を持って研究ができ、真のイノベーションを起こすことができたのです。

第7章 トポロジカルな弦理論

SUPERSTRING

ここで一息ついて、私の研究について簡単にお話しすることにします。

忘れられない第一次超弦理論革命の感激

超弦理論が大きく飛躍した一九八四年は、私自身にとっても思い出深い年です。少年時代に湯川秀樹の伝記を読んで以来、素粒子論に興味を持っていた私は、一九八四年の春に京都大学大学院に進学し、素粒子研究室に配属されました。その年の夏、グリーンとシュワルツがアノマリー相殺を発見し、第一次超弦理論革命が起きたのです。

大学院に進んだばかりのタイミングで、突如としてこのような新しいフロンティアが拓けたのは、実に幸運でした。それまでは誰も手をつけず、シュワルツがほぼ一人で取り組んでいた分野ですから、研究者の卵にもできることはたくさんあったのです。

いわばアメリカの開拓時代のようなものでした。あの時代、アメリカ西部では「ランド・ラン」といって、入植者が集まり「用意、ドン」で一斉に馬を走らせ、土地にしるしをつけて回って自分のものにするということが何度かおこなわれました。有名なのはオクラホマ州での一八八九年のランド・ランで、五万人ほどの入植者が好きな場所で、一六〇エーカーまでの土地を無料で手に入れることができたのだそうです。

一九八四年当時の超弦理論も、早い者勝ちで新しい研究に取り組める状態でした。

もっとも、新しい論文をネット上ですぐに読める現在とは違い、当時は査読雑誌に掲載される前の論文原稿（プレプリント）が船便で日本に届くまで、かなりの時間がかかりました。米国のコロラドの山中の研究所で、とんでもない発見がされたらしいという噂は耳にしていたものの、実際に論文を読めたのは発表から三ヵ月後でした。三ヵ月の遅れが大きなハンディキャップになるほど、超弦理論はホットな分野として盛り上がっていたわけです。

その年の秋には、京都大学の基礎物理学研究所で素粒子論の研究会が開かれました。ちょうどウィッテンたちによるカラビ - ヤウ空間を使ったコンパクト化の論文が発表されたところだったので、誰かがその文献紹介をしなければいけません。その役目が、どういうわけか私に回ってきました。「超弦理論を勉強しているそうだから、大栗にやらせてみよう」という話になったようです。

この論文は、頭にしみ込むようなすばらしさでした。標準模型では答えが得られないクォークの世代数などが、六次元のカラビ - ヤウ空間の幾何学でわかると書いてある。六次元空間の幾何が素粒子模型の秘密を知っているということを、私は実に美しいと感じました。あまりに感激したために、三〇分の予定で始めた文献紹介が二時間を過ぎても終わらず、警備員に会議室の暖房を切られてしまったほどです。そのあとは当時の所長の厚意で、暖房のある所長室を使わせていただき、二〇人ほどで深夜まで熱い議論を交わしたことを憶えています。

距離も測れない空間で何ができるのか

このように、拓けたばかりの超弦理論のフロンティアで研究をすることができたので、大学院二年生の頃にはある程度の業績をあげることができ、修士課程卒業後に東京大学理学部の助手に採用していただきました。余談ですが、ちょうどその年に、現在は東京大学のカブリ数物連携宇宙研究機構の機構長である村山斉《ひとし》が、大学院一年生として入ってきました。彼とはこのあとに二回、経歴が交差することになります。

京都から東京に研究場所を移動し、いよいよ超弦理論から三次元空間の素粒子模型を導く仕事をしたいと思いました。しかし、前章でも書いたように、コンパクト化に使うカラビ－ヤウ空間の構造は複雑で、距離の公式すらわかっていません。

「距離も測れないような空間を使って、いったい何から始めるつもりだ」

私が助手になった直後に東京大学を訪問していた米国の著名な物理学者にも、そう言われてしまいました。

しかも仮に距離の測り方がわかっていても、そのような複雑な空間での弦の運動方程式を解いて、量子効果を計算することもまた簡単ではありません。それでも、東京大学の江口徹、京都大学の梁成吉《ヤンソンキル》、CERNの研究者だったアン・タオルミナらと、カラビ－ヤウ空間の中での弦の振動から現れる粒子の質量公式を導くことができました。

東京大学に二年半勤務したあと、研究休暇をいただいて、超弦理論研究の世界的中心であったプリンストンの高等研究所に出張しました。その後、いったんはシカゴ大学の助教授にもなりましたが、一年後に京都大学の数理解析研究所の助教授として帰国しました。この京都大学の研究所の雰囲気が、私のその後の研究に大きな影響を与えました。

当時、数理解析研究所の所長をしていた佐藤幹夫は、代数解析と呼ばれる数学の分野を創始した世界的な数学者です。

「朝起きたときに、きょう一日数学をやるぞ、と思っているようでは、とてもものにならない。数学を考えながらいつの間にか眠り、朝、目が覚めたときにはすでに数学の世界に入っていなければいけない」

と語る佐藤が所長をしていた研究所でしたから、朝から晩まで研究のことだけ考えていられるすばらしい環境で、超弦理論の研究の方向をじっくり練り直すよい機会となりました。

カラビ－ヤウ空間が複雑で、距離の測り方すらわからないという問題については、そのしばらく前に、ウィッテンがその解決につながるかもしれない事実を指摘していました。弦の振動のしかたを少し変えてやることで、距離の測り方によらずに量子効果の計算が可能になるというのです。計算結果が距離の測り方によらないとあらかじめ保証されているのなら、距離の公式を知らなくてもよいのではないか。希望が見えてきました。

しかし、「振動のしかたを少し変える」ということは、そもそも解くべき問題を変えてしまうことなのではないかという疑念もありました。また、仮にこれに意味がつけられるとしても、では距離の測り方によらないという事実を使って、具体的にどのような計算ができるのか。その方法を開発する必要もありました。

計算のしかたがわかった

そのように考えをめぐらせているときに、一九九二年の秋から一年間、ハーバード大学で研究する機会がありました。そこで、ウィッテンの考えた量子効果を計算する方法を開発するという研究計画を立て、ボストンに向かいました。

ハーバード大学には、イスラム革命の前年にイランを出国し、ハーバード大学の教授になっていたカムラン・バッファと、イタリアの研究所からバッファのグループを訪問していたセルジ

$$\bar{\partial}_{\bar{a}}F_g=\frac{1}{2}\bar{C}_{\bar{a}\bar{b}\bar{c}}e^{2K}g^{b\bar{b}}g^{c\bar{c}}\left(D_bD_cF_{g-1}+\sum_r D_bF_rD_cF_{g-r}\right)$$

オ・チェコッティがいました。彼らはカラビ－ヤウ空間の一つひとつを別々に考えるのではなく、異なるカラビ－ヤウ空間の間にどのような関係があるのかを調べていました。カラビ－ヤウ空間の中の二点の間の距離の測り方はわからなくても、異なるカラビ－ヤウ空間がどのくらい異なっているのかを測ることはできるというのです。

チェコッティとバッファはある方程式を使って、カラビ－ヤウ空間の間の関係を調べていたのですが、私はそれを見て、この方程式を導くアイデアは、もっといろいろなことに使えるのではないかと思いつきました。私が東京大学にいたときに江口徹らとの研究で使った方程式と似ていたからです。そこで、毎日研究室でチェコッティとバッファの方程式とにらめっこをしていたのですが、ある日、帰りの地下鉄の中で、ウィッテンが計算しようとしていた量も同じような方程式を満たすはずだということに気がつきました。

数日後には方程式の形が大まかに見えてきたので、バッファに会ってこのアイデアを説明しました。ハーバード大学のカフェテリアで昼食をとりながら、紙ナプキンの上に数式を書いて議論すると、その場で方程式の形が決まってしまいました。

そのときの方程式を、上に再現してみました。説明はしませんが、「こんなものか」と思って眺めてみてください。

ではこの方程式を解いて、この量を実際に計算してやろうじゃないか、ということになりました。バッファ、チェコッティとともに、ゴルバチョフの時代にソビエト連邦から亡命して、バッファの研究室で助教授になっていたミハイル・ベルシャドスキーも参加して、四人でああでもない、こうでもないと毎日、黒板に向かって何時間も議論しました。ところが、なかなか展望が見えてこなかったのです。

トポロジカルな四人組

翌一九九三年の三月、アメリカ東部を一〇〇年に一度という雪嵐が襲いました。私もアパートに閉じ込められてしまい、しかたなくそこで数日間、集中して方程式を眺めていました。すると、ファインマン図の方法を使うと方程式が解けることが見えてきたのです。四人で半年間議論してきたことが、大雪で閉じ込められている間に結晶化したのだと思います。

また、このようにして計算した量が、超弦理論から導かれる三次元の素粒子模型で、どのような物理現象の説明に使えるのかもわかってきました。ウィッテンが考えた「弦の振動のしかたを少し変える」ことに、意味づけができるようになったのです。

この一年の間に私たちが開発した計算方法は、「トポロジカルな弦理論」と呼ばれ、超弦理論のさまざまな問題に使われるようになりました。前章のオイラー数の説明でも述べましたが、ト

図7－1　トポロジカルな弦理論を研究した4人組が、17年ぶりに集合しました。左からベルシャドスキー、チェコッティ、私とバッファ。私たちの理論は頭文字をアルファベット順に並べて「BCOV」とも呼ばれているので、その順番に並んでみました
©Martin Rocek

ポロジーとは空間を連続的に変形していっても変わらないもののことです。カラビ－ヤウ空間の距離の測り方を知らなくても計算ができる方法なので「トポロジカル」というわけです。

私はその後もバッファと共同研究を続け、トポロジカルな弦理論を発展させました。それによって、超弦理論の計算技術が進歩するとともに、カラビ－ヤウ空間の幾何学的性質の理解も進みました。

一方、チェコッティはその後、イタリアの政界に身を投じます。彼はイタリア北部のフリウリ語を話す少数民族の出身で、民族独立を訴える党を創設し、当時躍進していた北部同盟と連携して、フリウリ＝ベネチア・ジュリア自治州の知事になりました。のちにはフ

リウリ地方の中心地ウディネの市長にもなり、およそ一五年間政界で活躍しましたが、最近引退して物理学の研究に戻りました。

ベルシャドスキーは私たちとの共同研究のあと、カナダのトロント大学の教授になりますが、金融界に転進し、現在はニューヨーク近郊のヘッジファンド会社の重役になっています。「くりこみ」の株式市場への応用も研究しているようですが、企業秘密なので教えてくれません。

二〇一〇年に、四人が一七年ぶりに集う機会がありました。そのときに撮った写真を掲載しておきます（図7－1）。

カリフォルニアで直面した第二次超弦理論革命

一年間のハーバード大学での研究を終えて、京都大学に戻ると、米国のいくつかの大学から教授職に応募しないかというお誘いがありました。トポロジカルな弦理論の仕事を認めてくれたようです。そこで、カリフォルニア大学バークレイ校に書類を送ると、カリフォルニアまで面接に呼ばれました。

行ってみると、三日間みっちり予定が組まれていました。まず、物理学教室のいろいろな分野の教授のオフィスを順番に訪ね、一時間ずつ面接を受けます。専門分野の素粒子論だけでなく、幅広い分野の人と交流できる学者かどうか、また、同じ大学の同僚としてやっていけるかどうか

ulty Profile

string theories—a field that can escape the comprehension of even the most intelligent lay person.

In its simplest terms, it involves figuring out how the universe is put together, down to the tiniest particles. Ooguri is exploring the intriguing possibility that fundamental constituents of the universe are string-like objects rather than point particles. He is co-teaching a seminar on string theory this semester with new math professor Maxim Kontsevich.

"If there is a single set of laws which describe our whole universe, both the solar system and atomic physics, it must be something which incorporates Einstein's theory and quantum mechanics in a single consistent framework," explains Ooguri. "Finding such a framework has turned out to be one of the most important and difficult questions in theoretical physics this century. There are strong suggestions, not yet confirmed, that string theory leads to a consistent unified theory of matter and forces, including gravity."

Ooguri chose to come to Berkeley because of its strong physics and math departments—theoretical physics is more and more a melding of the two. He was also attracted by the theoretical physics group at Lawrence Berkeley Laboratory and the Mathematical Sciences Research Institute. All in all, "Berkeley is an exciting place to be and a wonderful place to concentrate in," he says.

"Professor Ooguri is widely recognized as one of the top young particle theorists in the world. He has already contributed to a number of breakthroughs in theoretical physics and we look forward to his continued success at Berkeley," says Roger Falcone, physics department chair.

Before even finishing his PhD at the University of Tokyo in 1989, Ooguri was invited to spend a year at Princeton's Institute for Advanced Studies. He spent 1989-91 at the University of Chicago's Enrico Fermi Institute and 1992-93 at Harvard's Lyman Physics Lab.

"I had a very nice position in Japan," says Ooguri. "I had no teaching or other obligations, but Berkeley offered me the chance to interact with more people in my field. And I'm finding that teaching is also exciting. It gives me the chance to

See *Ooguri*, page 8

Hirosi Ooguri

図7－2　1994年、カリフォルニア大学バークレイ校の教授に着任したときの大学新聞の紹介記事

を見極めてやろうというのだと思います。同じ理由で、素粒子論研究室向けの講演のほかに、物理学教室全体の談話会（これには学部学生も参加します）でも講演をさせられ、これも人事評価の対象になりました。

このような大学訪問は、私のように面接に呼ばれた候補者の側にとっても、大学を見学して、本当にこの大学の教授になりたいかを検討する機会になります。大学もそれは承知していて、面接をするだけでなく、大学の運営に携わっている副学長や理事などとの面会も用意され、研究室を立ち上げるためにどのような支援をいただけるのかの相談もできました。

また、住環境も重要だということで、滞在中には、不動産屋とともに近所の家を見て回

るツアーが用意されていました。バークレイは港をはさんでサンフランシスコの対岸にあり、大学の北の丘の上の住宅地からはゴールデンゲートブリッジを望むことができる素敵な街です。

このような面接を経て、一九九四年末からバークレイ校の教授になりました。そこで再会したのが、東京大学で一緒だった村山斉です。彼は大学院卒業後、東北大学の助手になり、ポストドクトラル・フェローとしてバークレイに滞在していたのです。その翌年には村山も助教授に採用され、それから六年間、私がカリフォルニア工科大学に移籍するまで彼と私とは同じキャンパスで切磋琢磨しました。現在も彼は機構長、私は主任研究員として、同じカブリ数物連携宇宙研究機構に関わっています。

私がバークレイに着任したときは、一九八四年の第一次超弦理論革命から一〇年が経っていました。私自身も大学院に進んでからちょうど一〇年。いよいよ教授という立場で大きな仕事をしようと、意欲に燃えていました。

大事件が起きたのは、その数ヵ月後でした。第一次超弦理論革命と同時に研究者人生をスタートした私は、バークレイで研究室を立ち上げようとしていたときに、第二次超弦理論革命に直面することになったのです。

第8章

第二次超弦理論革命

SUPERSTRI

けれどもいくら恐ろしいといつても
それがほんたうならしかたない
さあはつきり眼をあいてたれにも見え
明確に物理學の法則にしたがふ
これら實在の現象のなかから
あたらしくまつすぐに起て

宮沢賢治の『春と修羅』に収録された長詩「小岩井農場」の一節です。小岩井農場を歩きながら考えをめぐらせた賢治の、その思索の跡が詩として記録されているのです。

私は研究をするときに、そのプロジェクトがどのようにして決着するかについて、あらかじめ予想を立てないようにしています。研究とは地図を持たずに砂漠の中を歩き回るようなものなので、早くオアシスにたどり着きたいという気持ちが強くなるのは確かです。しかし、あまり早くに「落としどころ」を見つけると、研究が小さくまとまってしまいます。

私は理論物理学者ですから、数学の方法を使って研究します。論理に導かれるままに数学の世界をさまよい歩くと、思いもかけない、見たこともない場所に行き着くことがあります。しかし、「いくら恐ろしいといつても　それがほんたうならしかたない」のです。

第6章で、次のような問いを立てました。

さまざまなカラビ－ヤウ空間があるなかで、
なぜ「この」カラビ－ヤウ空間が選ばれたのか

九次元空間からはじめて、六次元をコンパクト化し、私たちの三次元の世界をつくる方法はたくさんあるように思われます。その各々の選択肢に対応して、三次元ではさまざまな素粒子模型が現れた可能性があります。そのなかで、どのようにして私たちが知っている素粒子の標準模型が選ばれたのでしょうか。

この問題について深く考えたウィッテンは、思いがけない結論にたどり着きます。そして、彼の発見は、私たちの空間概念を根本から覆すことになるのです。

ウィッテンが抱いていた不満

一九九五年三月、ロサンゼルスにある南カリフォルニア大学で開かれた超弦理論の国際会議ストリングス'95において、それまでの超弦理論の研究の方向を一変させる講演をおこなった人物がいました。本書にもすでに登場しているウィッテンです。

ウィッテンは超弦理論研究のリーダーとして、それまでも指導的な役割を果たしてきました。たとえば、開いた弦を含むI型の超弦理論にアノマリーの問題があることを指摘したのもウィッテンでした。それを受けて、グリーンとシュワルツがその問題を解決したのです。その一方でウィッテンは、カラビ－ヤウ空間に関する論文も自ら手がけていますから、第一次超弦理論革命を起こした三つの研究のうち、二つに深く関与していたといえるでしょう。

しかし、ウィッテンは「第一次革命」の成果に不満を抱いていました。

ウィッテンらの論文は、私のような大学院生を感激させるのに十分なインパクトを持っていたとはいえ、三次元空間の素粒子模型を導く筋道をつけただけで、そのゴールには到達していませんでした。

まず、第6章で述べたとおり、さまざまな種類のカラビ－ヤウ空間のうち、なぜ「この」カラビ－ヤウ空間が選ばれたのかが説明できない。

　また、コンパクト化する前の九次元空間には、I型やII型の超弦理論にヘテロティック弦理論と、超弦理論にも異なる種類がありました。さらに、九次元空間をコンパクト化するときにさまざまなカラビ－ヤウ空間の選択肢がある。すると、超弦理論から私たちの三次元空間の理論を導く方法が、たくさんあることになります。自然界の基本原理から素粒子模型が一意的に決まることを期待していたウィッテンにとって、これは満足のいくシナリオではありませんでした（ただし、南部と後藤が考えた二五次元空間の弦理論は、量子効果を考えると真空が不安定になって破綻してしまうため、つじつまが合った理論の仲間には入りません。ヘテロティック弦理論によって超弦理論と「結婚」したときだけ、真空の不安定性が癒され、つじつまが合うのです）。

　私が本人から直接聞いたところによれば、問題解決のため、ウィッテンは当時、次のようなビジョンを描いていました。

　以前は、九次元の超弦理論のゲージ対称性は、どのような次元の回転対称性でもよいと考えられていた。たとえば二次元や、一〇〇次元の回転対称性を持つ超弦理論があってもかまわない。しかしアノマリーの問題に気づき、それを解決する道を探ったところ、許されるゲージ対称性はシュワルツとグリーンが発見した「三二次元の回転対称性」だけであることが判明した。

　いま問題になっているのは、九次元の超弦理論そのものに五つの選択肢があり、さらに三次元にコンパクト化しようとすると、カラビ－ヤウ空間にもいろいろあるということである。さまざまなことが一意的に決まらないのは、超弦理論のアノマリーにまだ気づいていなかったときのように、われわれがまだ超弦理論の整合性について突きつめて調べていないからではないか。

ウィッテンはそう考えたそうです。つまり、超弦理論についてもっと突きつめていくと、さらに深刻な矛盾が見つかって、生き残れる理論の選択肢が限られるのではないかと考えたのです。

図8－1
エドワード・ウィッテン
(1951-)

一つの理論の五つの化身

そこでウィッテンは、九次元空間の超弦理論がすべて真っ当なものだと仮定したうえで、そのときに生じる矛盾を見つけようとしました。矛盾が見つかれば、すべて真っ当なものだとした仮定が間違っていたことになる。数学で定理の証明のときによく使う「背理法」というやり方です。これで、理論が絞り込めるはずだと考えたのです。

II型の超弦理論は、三次元にコンパクト化するとパリティ対称性が破れないので素粒子の模型としては使えませんが、数学的には整合性のある理論でした。そこでウィッテンは、II型も含めて考えることにしました。物理学者には「美しい理論には自然への応用があるはずだ」という信念があるので、重力子を含む「閉じた弦」からなるII型の超弦理論のように、重力と量子力学を統合できる理論は、つじつまが合っているのなら何か使い道があるはずだと考えたのです。

実は、II型の超弦理論はさらに、九次元空間でパリティを破れるかどうかでIIAとIIBという二つの種類に区別されていました。あらためて整理すると、超弦理論には次の五種類があることになります。

◇　I型の超弦理論　……「閉じた弦」と「開いた弦」の両方を含む
◇　IIA型の超弦理論……「閉じた弦」だけを含み、九次元空間でパリティを破れない
◇　IIB型の超弦理論……「閉じた弦」だけを含み、九次元空間ではパリティを破る
（ただし三次元にコンパクト化するとパリティを破れない）
◇　二種類のヘテロティック弦理論……「閉じた弦」の右巻きと左巻きが別の空間で振動する
（三二次元の回転対称性を持つものと、例外群の対称性を持つものの二種類）

ウィッテンが期待したのは、超弦理論は九次元空間のままでは矛盾があるのではないかという

ことでした。六次元のカラビ－ヤウ空間を使ってコンパクト化して、三次元で素粒子の標準模型が出るような理論だけが、つじつまが合っているのではないか。もしそうならば、超弦理論から出発して、素粒子の標準模型が一意的に導けるのではないか、と期待したのです。

しかし結論からいうと、ウィッテンはそこに矛盾を見いだすことができませんでした。九次元空間の超弦理論は、五種類すべてに矛盾がなかったのです。ウィッテンの描いたビジョンは見込み違いに終わりました。

ところが、理論の矛盾を探す過程で、ウィッテンは驚くべき事実を発見します。五種類の超弦理論は、お互いに矛盾を抱えているどころか、実は一つの理論の五つの化身だったのです。

たとえば水蒸気、水、氷は、化学記号で書くとどれも同じH_2Oですが、温度や圧力を変えると、気体から液体、固体へと変化します。五種類の超弦理論も、それと同じようなものでした。見かけはまったく違うものの、そこにはH_2Oのような共通の起源がある。ウィッテンは超弦理論も実は一種類で、五種類の理論はその現れ方が異なっているにすぎないことを発見したのです。

二つのⅡ型理論を結びつけた「T－双対性」

五つの超弦理論がお互いに関係しあうなかでも、もっとも簡単な関係は、実はその一〇年前の一九八五年に見つかっていました。大阪大学の吉川圭二と、彼の大学院生だった山崎眞見が発見した「T－双対性」と呼ばれるものです。

それは、九次元空間でのⅡA型理論とⅡB型理論の関係を示すものでした。Ⅱ型なので、どちらも「閉じた弦」だけで成り立っていますが、九次元の段階では、ⅡA型はパリティが保たれ、ⅡB型はパリティが破れているという違いがありました。

吉川と山崎はその九次元空間が、八次元の平坦な空間と、円の組み合わせになっている状態を考えました。円の上の位置は角度だけで表せるので一次元ですから、九次元空間での位置は、平坦な次元での位置を示す八つの数と、円の上の位置を示す角度で指定されることになります。

さて、この円の半径をRとすると、Rはいろいろな値をとることができます。次元を円にした時点でコンパクト化はできているので、その半径は大きくしたりも、小さくしたりもできるのです。吉川と山崎は、九次元のⅡA型理論を半径Rの円にコンパクト化した状況は、九次元のⅡB型理論を半径1／Rの円にコンパクト化した状況とまったく同じであることを発見しました。これが「T－双対性」です（図8－2）。

「双対性」という考え方は、物理学ではしばしば現れます。第2章でも、光には「波と粒の双対性」があるという話をしました。光というひとつの実体を、波として理解することも、粒として理解することもできる。どちらの見方も間違っているわけではなく、状況によって波としての性質が際立ったり、粒としての性質が際立ったりする。これが波と粒の双対性です。

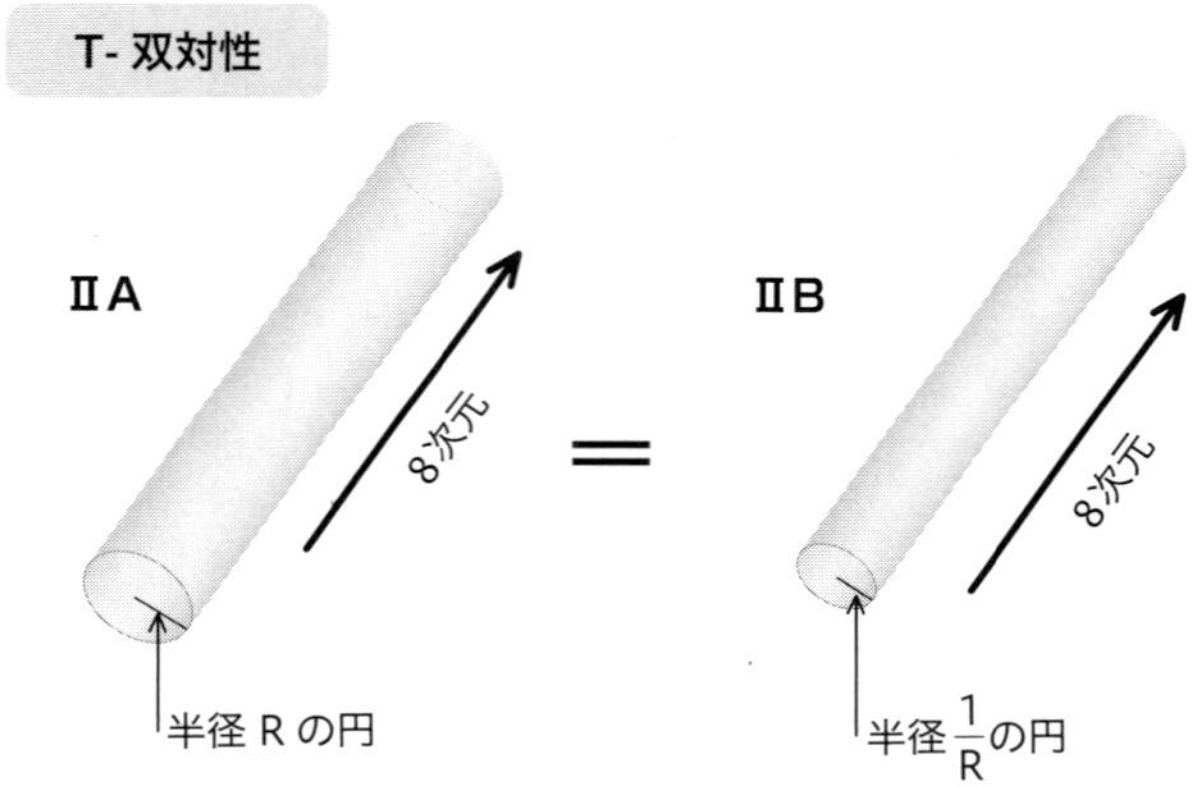

図8－2　9次元のⅡA型理論を半径Rの円にコンパクト化した状況と、9次元のⅡB型理論を半径1/Rの円にコンパクト化した状況はまったく同じである

吉川と山崎が発見したT－双対性も、この意味での双対性です。ⅡA型理論を、半径Rの円にコンパクト化します。Rを大きくすると、もとの平坦な九次元空間のⅡA型理論に戻っていきます。Rを小さくすると、ⅡA型理論は半径1／Rの円にコンパクト化したⅡB型理論と同じなので、ⅡB型の円の半径1／Rが大きくなり、平坦な九次元空間のⅡB型理論になっていきます。

つまり、円の半径を変えていくと、九次元のⅡA型理論からⅡB型理論に、連続的に変化していくことになります。これは、たとえば第2章の図2－2の実験結果で、電子の数が少ないときは電子を粒と考えるとうまく説明できたのが、電子の数が多くなると波としての性質が現れてくる、という事情と似ています。量子力学の「波と粒の双対性」では、粒子の数を変化させることで、同じ電子に波としての性質が現れたり、粒としての性質が現れるわけです。同様に超弦理論では、コンパクト化する円の半径を大きくしたり小さくしたりすると、ⅡA型理論からⅡB型理論への連続的変化が起きる。これがT－双対性なのです。

なお、「T」という接頭辞がついているのは、一九九五年の第二次超弦理論革命のときに、これ以外にもさまざまな「双対性」が見つかったからです。「S－双対性」「U－双対性」などと名づけられたそれらと区別するために、吉川と山崎の双対性はT－双対性と呼ばれるようになりました。

さらにこのT－双対性は、二種類のヘテロティック弦理論の間にも成り立つことがわかりました。ヘテロティック弦理論には、三二次元の回転対称性を持つものと、例外群の対称性を持つものの二種類がありますが、円を使ってこの両者をコンパクト化すると、円の半径を変えていくことで二種類のヘテロティック弦理論が入れ替わったのです。

このように空間の一部をコンパクト化することで、異なる理論と思われていたⅡA型とⅡB型の超弦理論、また二種類のヘテロティック弦理論の間に、互換性があることがわかりました。

しかし、これですべての弦理論がつながったわけではありません。Ⅱ型の超弦理論とヘテロティック弦理論とはつながっていませんし、まだI型の超弦理論もあります。それらのすべての間の関係を見いだしたのが、ほかでもないウィッテンでした。

異端、されど美しい一〇次元の超重力理論

ウィッテンは五種類の超弦理論すべての間に、T－双対性と同じような関係があることを見つけました。この発見に重要なヒントを与えたのが「一〇次元の超重力理論」でした。超弦理論は九次元の理論だと思っていたら、次元が一つ増えたのです。

しかも、こちらは「超弦」ではなく「超重力」。これは「超対称性のある重力理論」という意味です。超対称性とは、ボゾンとフェルミオンを入れ替える対称性のことでした。アインシュタインの「普通の」重力理論では、重力を伝える素粒子である重力子は、ボゾンです。これに超対称性を持たせるには、重力子に対応するフェルミオンをつけ加える必要があります。このようにして重力の理論が超対称性を持つように拡張した理論が、超重力理論なのです。

超弦理論では空間の次元は九と決まりましたが、超重力理論はいろいろな次元で考えることができます。超弦理論も、重力を含んでいて超対称性があるという意味では「九次元の超重力理論」の一つということもできます。実際、九次元でつじつまの合っている超重力理論は、すべて超弦理論に含まれています。また、空間の次元が九より小さい超重力理論も、その多くは九次元の超弦理論からコンパクト化することで導くことができます。

しかし、一〇次元の超重力理論はそうはいきません。コンパクト化によって次元を減らすことはできますが、次元をよけいにつけ加えることはできそうもないからです。とすると、一〇次元の超重力理論は、超弦理論とは関係のない理論のようにも思われます。

その一方で、一〇次元の超重力理論にはある特別な「事情」がありました。

実は「一〇」という次元は、超対称性を持つ理論を考えることのできる最大の次元なのです。超弦理論では空間の次元が九次元に決まりますが、「超対称性がある」という条件はこれよりも弱いので、九次元以外にも選択肢があります。しかし、超対称性があるためには、空間の次元に上限がつきます。超対称性を持つためには、ボゾンの数とフェルミオンの数が等しくないといけないのですが、空間の次元を高くすると、二種類の粒子の数を合わせることができなくなるからです。そして、その最大の次元が一〇次元なのです。

しかも、一〇次元空間で超対称性を持つ理論は、超重力理論ただ一つです。超対称性を持つ理論の中で、最大の次元にある唯一の理論。一〇次元の超重力理論は、その意味で特別な理論といえるでしょう。

このように魅力ある理論なのに、超弦理論と結びつけることができない一〇次元の超重力理論を、超弦理論の研究者の多くはどう扱ってよいか、わかりませんでした。

第一次超弦理論革命から三年後の一九八七年にグリーン、シュワルツとウィッテンが執筆した超弦理論の教科書でも、一〇次元の超重力理論については「大きな枠組みの中でこの理論がどのような役割を果たすべきか、説得力のある予想を述べることは、いまのところ難しい」と書かれていました。

ただし、その一方で「このような理論が、何の意味もなく存在するとは考えにくい」とも書かれています。一〇次元という、超対称性で許される最大の次元にある特別な理論です。また、超対称性を持つという条件だけから、理論のすべての内容が一意的に定まることが知られており、物理学者の間では、とても美しい理論だと考えられていました。

どんな世界にも、多数派が目を向けない問題に魅力を感じる人はいます。とくに英国人には群れるのを嫌う気質があるのか、第一次超弦理論革命によって超弦理論が主流になっても、「道なき道を行こう」と超重力理論に取り組む研究者がいました。

英国の科学者にはアマチュア精神の伝統があるように思います。彼らを見ていると、趣味の素人芸なのに、たまたま収入を得て職業になってしまったようにさえ思えます。アマチュアだから、自分の分野にこだわる理由もない。知らない分野にいって失敗しても、素人なので困らない。そのため、分野の垣根を越えた研究をしやすいのです。趣味としての研究なのだから、流行の話題を追いかけるより、自らの道を開いていこう。このようなスタイルが、英国で独創性の高い研究が多く生まれる理由になっているように思います。

一次元の弦から二次元の膜へ

グリーン、シュワルツとウィッテンの教科書が刊行されたちょうどその年に、一〇次元の超重力理論に大きな突破口が開かれます。その発見をしたのは、英国はケンブリッジ大学のポール・タウンゼントらでした。彼らは、一〇次元の超重力理論の中には、一次元の弦ではなく「二次元の拡がりを持つ膜」があることを見つけたのです。

タウンゼントらの発見のきっかけとなったのは、「ブラックホール解」の研究でした。

そもそもブラックホールとは、シュワルツシルトが重力のアインシュタイン方程式の解として見つけたものです。その解は、質量がある一点に集中することによって、その周囲の時間や空間が大きく歪む様子を表していました。

シュワルツシルトが発見したブラックホール解は三次元空間でのものでしたが、アインシュタイン方程式は何次元でも考えることができ、解くことができます。そこで、もっと高い次元の空間でアインシュタイン方程式を解く試みがなされ、その結果、さまざまな解が見つかりました。質量が一点に集中したものだけではなく、弦のように一次元的に拡がったもの、膜のように二次元的に拡がったものもアインシュタイン方程式の解として現れたのです。

たとえば九次元の超弦理論の方程式を解いてみると、そこから一次元に拡がった弦が解として

図8－3　左：9次元の超弦理論では弦が基本単位
右：10次元の超重力理論では膜が基本単位

現れます。この弦は、超弦理論の弦にほかなりません。弦にもとづいた理論を考え、その理論を形にした方程式を解くと、もとの弦が現れる。これで理論はつじつまが合っているわけです。

タウンゼントらは、これと同じことを一〇次元の超重力理論でやってみました。一〇次元空間での超重力理論の方程式を解いてみたところ、はたして基本的な解として見つかったのは、二次元の拡がりを持つ膜でした。点でも弦でもなく、二次元の面＝膜に質量が分布していたのです。

一〇次元空間では、この膜が素粒子の基本単位なのではないか——タウンゼントらはそう考えました。九次元の超弦理論が一次元に拡がる素粒子（＝弦）を基本単位とするのに対して、一〇次元の超重力理論では二次元に拡がる素粒子（＝膜）を基本単位とする。空間が一次元高くなると、基本単位の次元も一次元高くなるのだ（図8－3）。そう考えれば、一〇次元でも量子力学との組み合わせがうまくいくのではないかと予想したのです。

しかし、二次元の膜で理論をつくることは容易ではありませんでした。

一次元の弦が空間を移動すると、その軌跡は二次元の面になります。これなら、その形にどのような種類のものがあるか、簡単にわかります。二次元面のトポロジーは、第6章で説明したオイラー数で完全に決まるからです。

ところが二次元の膜を考えると、その運動の軌跡は三次元の空間になります。三次元空間の全貌は、二次元とは比較にならないほど複雑です。もちろん、オイラー数だけではわかりません。三次元ではトポロジーの分類すら、ようやくできてきたところなのです。二〇〇三年に証明されて話題になった数学の難問「ポアンカレ予想」も、三次元空間の分類に関する問題でした。膜の理論を理解するには、まず三次元空間の分類が必要になるというのでは、物理学者には手も足も出ません。

一〇次元の理論から九次元の理論を導けるか

それでも一〇次元の超重力理論に取り組んでいた人々は、このタウンゼントの発見によって強い手応えを得ました。ロンドンのインペリアル大学のマイケル・ダフは、当時、ＣＥＲＮに滞在

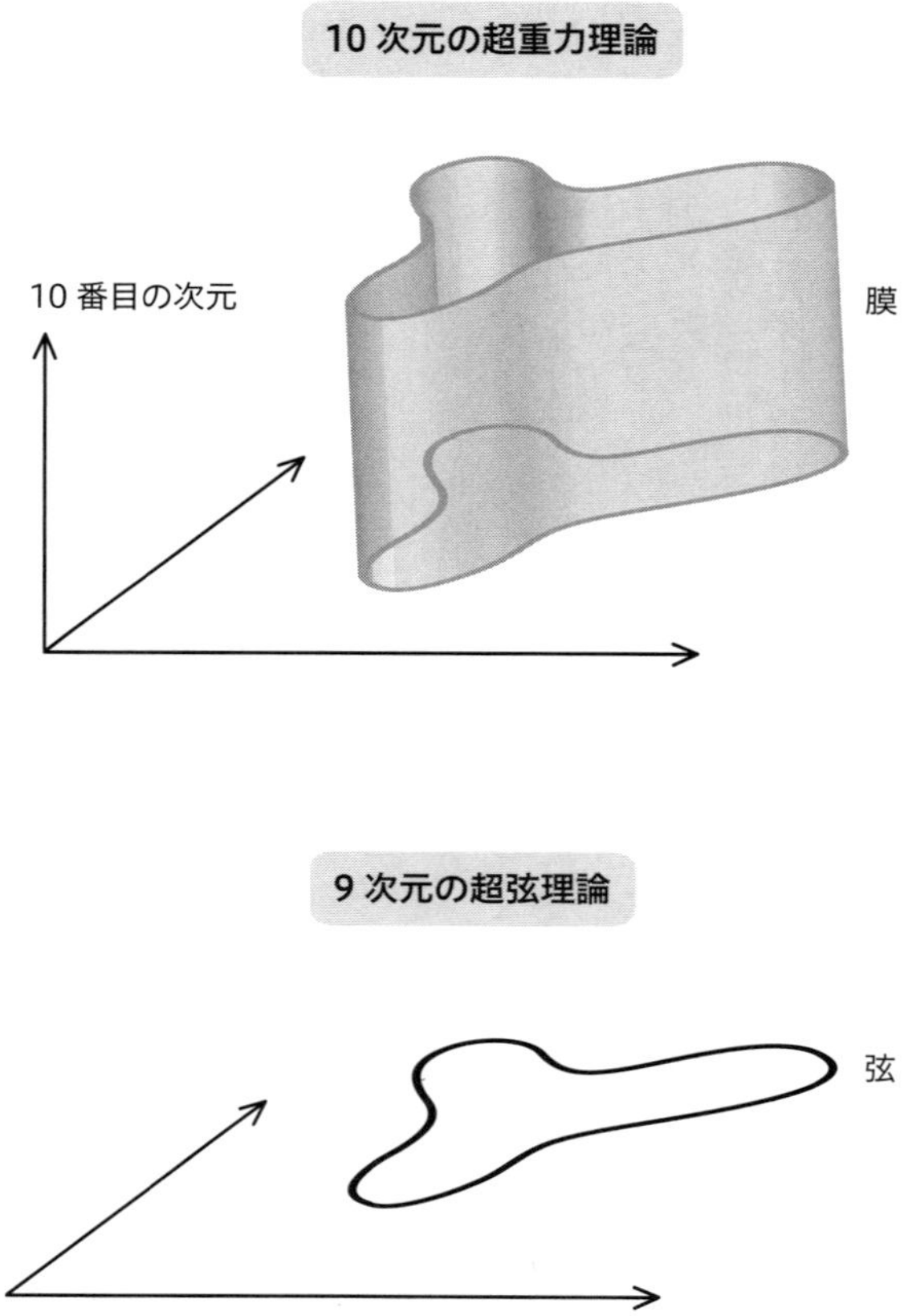

図8－4　**10次元の超重力理論を9次元の超弦理論にコンパクト化**
10次元空間の膜（上）は、9次元空間の弦（下）になる。この弦は、ⅡA型の超弦理論の「閉じた弦」と同じ性質を持っている

していた稲見武夫らとともに、一〇次元の超重力理論における二次元の膜と、九次元の超弦理論における一次元の弦の間に、重要な関係を見つけました。

彼らは、一〇次元空間の超重力理論を、一次元の円を使って九次元空間にコンパクト化したら、一〇次元空間にあった膜はどうなるかを考えました。

このとき、膜が持つ二つの次元のうち一つが、コンパクト化された円に巻きついたとしましょう。すると、空間が一〇次元から九次元にコンパクト化されると同時に、膜も二次元から一次元にコンパクト化されます。つまり二次元の膜が、一次元の弦になるわけです。ダフや稲見らの研究によると、このようにして現れる弦は、九次元空間におけるIIA型の超弦理論の「閉じた弦」と同じ性質を持っていました（図8－4）。

ダフはこの発見に大きく力づけられました。このことは、一〇次元空間の超重力理論のほうがより根源的な理論であって、九次元空間の超弦理論はそこからコンパクト化によって導きだされるものであることの証拠だと考えたのです。

しかし、このような一〇次元空間の膜の性質に関する研究は、その後もダフやタウンゼントらによって続けられたものの、主流にはなりませんでした。当時はまだこの研究に使える数学的な道具が限られていたことも、理由の一つでしょう。超弦理論研究の全体から見れば、超重力理論は英国を中心にローカルに盛り上がっているテーマにすぎなかったのです。

この状況に「革命」を起こし、超重力理論を超弦理論研究の表舞台に引き上げたのが、ウィッテンでした。

「力の強さ」が次元を変える！

まずは、さきほど紹介したT－双対性を思い出してください。九次元空間をコンパクト化して、「八次元＋一次元の円」とすると、ⅡA型とⅡB型の理論がつながりました。また二種類のヘテロティック弦理論の間にもT－双対性がありました。

ウィッテンは、それと同じような関係性が、一〇次元の超重力理論と九次元の超弦理論の間にもあるのではないかと考えました。

しかし、T－双対性の場合は九次元から八次元へのコンパクト化でしたが、今度はかたや一〇次元、かたや九次元です。一〇次元空間を半径Rの円を使ってコンパクト化した場合、その「R」は、九次元空間の超弦理論の何に相当するのでしょうか。「八次元＋一次元の円」のときは、ⅡA型の半径RがⅡB型の半径$1/R$と関係していましたが、最初から「九次元」で定義されている超弦理論には、余分な円がないので、半径もありません。

一〇次元空間の超重力理論をコンパクト化した円の半径Rは、九次元空間の超弦理論ではどんな量に翻訳されるのか？

この問題に対してウィッテンは、それは九次元空間の弦の間に働く「力の強さ」であるという答えを出しました。

たとえば、電子の間に働く電磁気力の強さは、電子の電荷で決まります。物理学では、電荷のように素粒子間に働く力の強さを表す量のことを「結合定数」と呼びます。

超弦理論の弦にも同じように、結合定数があります。そしてウィッテンは、一〇次元空間の超重力理論を半径Rの円にコンパクト化すると、九次元空間のⅡA型の超弦理論になり、その結合定数が一〇次元空間の半径Rによって決まることを発見したのです。

一般的に、結合定数の小さい理論は単純です。たとえば電子の場合も、もし電荷がゼロなら、電子には電磁気の力が働かないので、電磁場の中でもまっすぐに進むだけです。超弦理論でも、結合定数が小さくなると理論が簡単になります。この場合の結合定数とは、九次元空間を飛んでいる一本の弦が図8－5のように二本に分かれたり、逆に二本の弦が一本になったりする確率のようなものです。ですから結合定数が小さければ、一本の弦は分かれたりくっついたりすることなく、そのまま飛んでいくことでしょう。

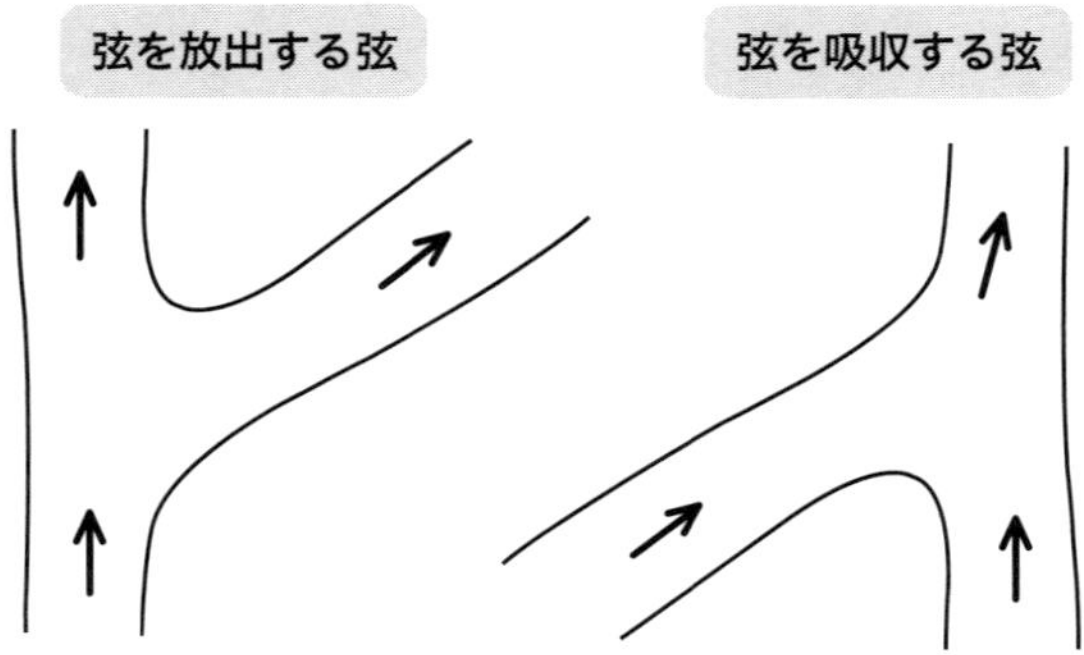

図8－5　**結合定数**
弦における「結合定数」とは、弦どうしがくっついたり、離れたりする確率の大きさを決める量である

逆に結合定数が大きくなっていくと、理論を解くのが難しくなります。飛んでいた弦が、たちまちほかの弦とくっつき、また別の弦に引き離されて何本にも分かれていき、とても複雑なファインマン図を描くことになるからです（図8－6）。そのような理論など、理解することは不可能と思われていました。

ところが、ウィッテンの計算によって、超弦理論の結合定数が大きくなると、対応する一〇次元の超重力理論をコンパクト化する円の半径Rが大きくなることがわかったのです。

半径が大きくなるということは、コンパクト化する以前の一〇次元の超重力理論に戻っていくということです。ならば、結合定数

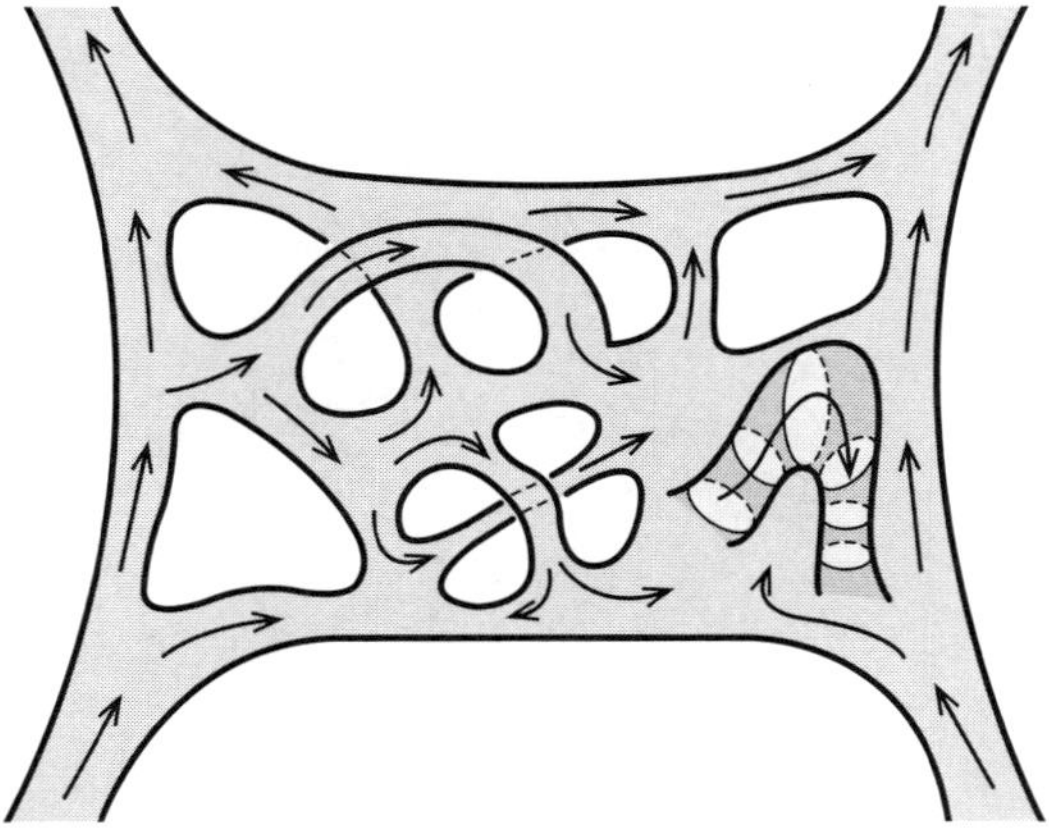

図8－6　複雑なファインマン図
結合定数が大きくなると複雑なファインマン図が必要になり、理論を解くことが困難になる

の大きい超弦理論で苦労して計算することはない。そこは超重力理論に任せればいい。結合定数が大きければ大きいほど複雑化し、計算が困難になると思われた九次元の超弦理論が、その極限では一〇次元の超重力理論になるという、きわめてシンプルで美しい理論が出現したのです。

しかもこのことは、T－双対性において円にコンパクト化したⅡA型とⅡB型の超弦理論の間に見られた関係（図8－2）が、ⅡA型の超弦理論と、一〇次元の超重力理論の間にもある、つまり、両者には双対性があることを意味していると考えられます。

「超弦理論は一〇次元あるいは一一次元の理論である」とお聞きになったことがあるかもしれません。この一〇とか一一というのは、時間も含めた「時空間」の次元の数です。
「一〇次元の時空間（＝九次元の空間）のⅡA型の超弦理論」が、結合定数を大きくしていくと「一一次元の時空間（＝一〇次元の空間）の超重力理論」になってしまうということなのです。

これはもう、実に驚くべき発見でした。なにしろ、力の強さを表す結合定数を大きくしていくと、それまで存在しなかったもう一つの次元が開けてしまったのです。そして、その一つ高い次元から見ると、複雑きわまりなかったはずの超弦理論が、シンプルな超重力理論になってしまうというのです。

ストリングス'95における講演でウィッテンがそう話すのを聞いた私たちは、みな腰を抜かすほどビックリしました。

しかも、これが講演のクライマックスかと思っていると、

「Oh, and there is one more thing（そうだ、もう一つあります）」

「双対性のウェブ」とM理論

ウィッテンの話には、さらに続きがありました。

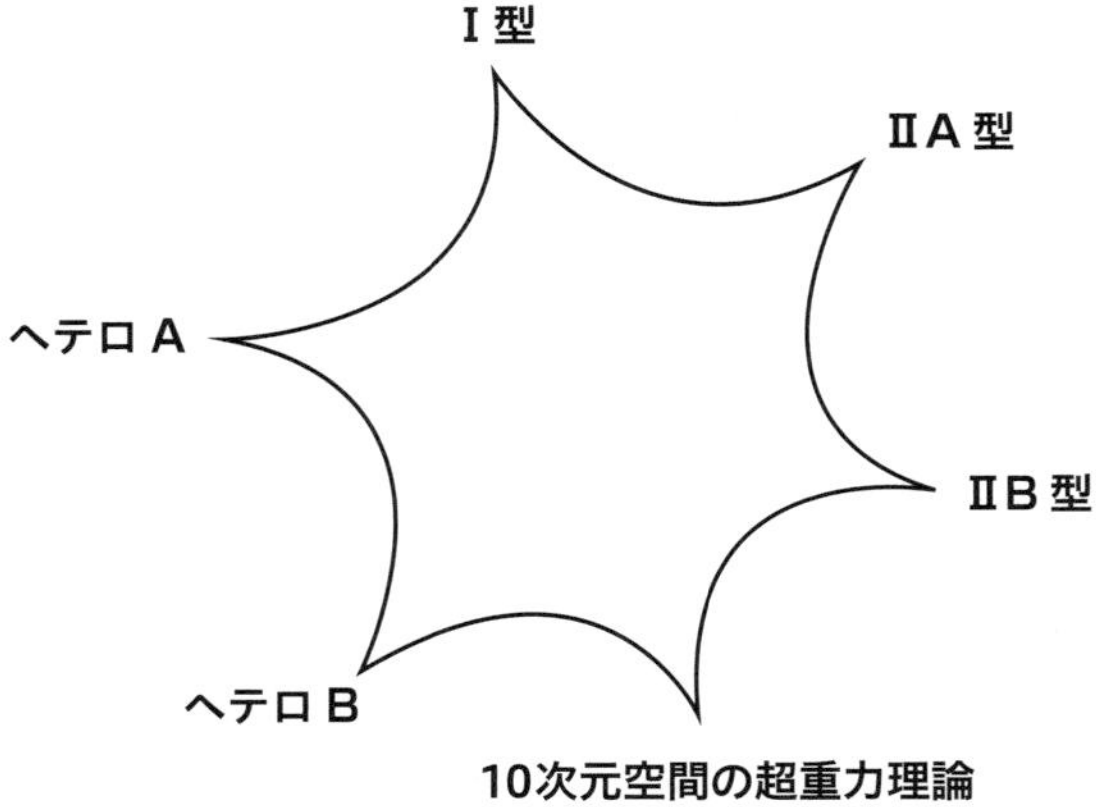

図8－7　双対性のウェブ
ヘテロA、ヘテロBは2種類のヘテロティック弦理論を表す

彼は同じような観察を五種類の超弦理論すべてについて試み、それらがいずれも、一〇次元の超重力理論とさまざまな極限で結びついていたことを明らかにしました。

いま、これは「双対性のウェブ」と呼ばれています。インターネットでおなじみの言葉「ウェブ」とは、もともとはクモの巣のことです。五つの超弦理論と超重力理論は、クモの巣のように張り巡らされた糸で、お互いに結びついていたのです（図8－7）。

ウィッテンの発見は、「第二次超弦理論革命」と呼ばれる大きな進展の起爆剤となりました。そのポイントをまとめておきます。

（1）別々のものと思われていた五種類の超弦理論は、双対性のウェブで結びついている。

（2）結合定数を大きくしていくと、双対性によって簡単な理論に置き換えられる。
（3）双対性のウェブを完成させるためには、一〇次元の超重力理論も含める必要がある。

これは、五種類の超弦理論が、実は一つの理論のさまざまな現れであることを示唆しています。しかし、その理論がどのようなものかは、ウィッテンは講演では明らかにしませんでした。

のちに彼は、この謎の理論を「M理論」と名づけます。彼の論文の脚注には「このMの意味は、その人の好みによって、Mystery（謎）でも、Master（支配者）でも、Mother（母）でもかまわない」とあります。英国の研究者たちの先駆的な仕事を讃えて、Membrane（膜）のMでもあるのかもしれません。

次元とは何か、空間とは何か

ニュートンの力学では、空間や時間は絶対のものである。空間は物理現象の起きる入れ物であり、時間は宇宙のどこでも一様に刻まれていくものであると考えられていました。

この考え方を変更したのがアインシュタインでした。特殊相対性理論では、時間や空間は絶対のものではなく、観測者の相対速度によって伸び縮みする。さらに一般相対性理論では、時間や空間の伸び縮みが、重力の起源として説明されました。

ウィッテンの発見した超弦理論の双対性は、私たちの空間についての考え方に、さらなる変更を要求するものでした。ⅡA型超弦理論は九次元空間の理論なのに、それと双対関係にある超重力理論は一〇次元空間――弦の間に働く力の強さ（結合定数）を大きくしていくと、次元が一つ増えてしまうというのです。

このように考えると、そもそも空間とはいったい何だろうという疑問が沸々とわいてきます。結合定数を大きくしたり小さくしたりするだけで、一〇次元になったり九次元になったりするようでは、空間の次元が不変なものとは考えられない。空間そのものも、あらかじめ存在するものではなく、何かもっと基礎的なものがあって、そこから立ち現れてくるものにすぎないのではないかと。

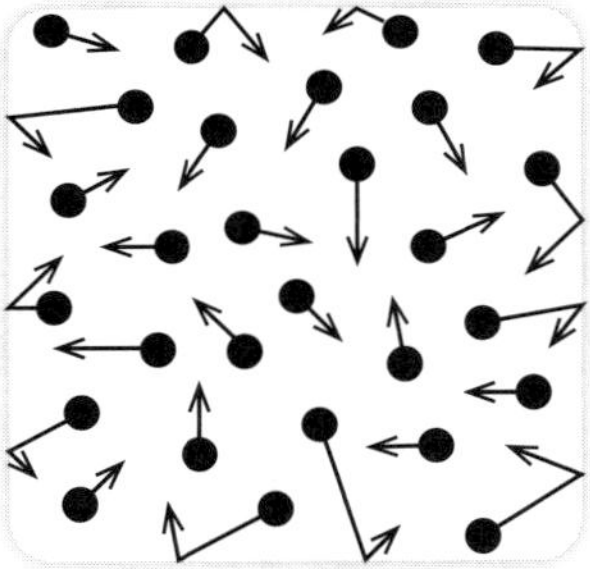

図８－８　温度とは、分子の運動から導き出される二次的な概念にすぎない

たとえば、私たちがふだん経験する暑さや寒さ、熱さや冷たさを定量化した「温度」という概念があります。一九世紀の物理学者は、熱や温度について研究し、熱力学という分野をつくりました。しかし、一九世紀も後半になると、電磁気理論でも活躍したマクス

ウェルや、ウィーン大学のルートビッヒ・ボルツマンらが、気体の熱や温度といった性質を分子の運動から説明します。彼らは、分子のレベルまでいくと「温度」という概念が消え去ってしまうことを見つけました。それは、分子のエネルギーのことだったのです。分子はランダムに運動しているので、エネルギーの値もつねにゆらいでいて、厳密に決まるわけではありません(図8-8)。しかし、膨大な数の分子が集まると、エネルギーの平均として近似的に一定の値をとる。私たちはそれを温度として感じているにすぎない。温度とは根源的な概念ではなく、分子の運動という、より基本的なものから導き出される二次的な概念だったのです。

ウィッテンの発見によると、空間の次元もまた、九次元が一〇次元になるように状況によって変わってしまうものであり、もはや根源的なものとは思えません。空間が根源的なものでないとすると、それは何から生み出されてくるのでしょうか。

Column

宇宙の数学

ウィッテンの超弦理論の研究は、物理学だけではなく、数学の発展にも大きなインパクトを与えてきました。そのため彼は、「数学のノーベル賞」と呼ばれるフィールズ賞も受賞しています。

数学と物理学とは、歴史的にも密接な関係にありました。たとえばニュートンは、力学と重力の体系を完成するために、微分や積分の方法を開発する必要がありました。科学の進歩によって私たちの経験世界がひろがると、それを理解するために新しい数学の言葉が必要になるのは、むしろ自然なことです。

私が主任研究員を務めている東京大学のカブリ数物連携宇宙研究機構の英語での名称は、「Kavli Institute for the Physics and Mathematics of the Universe」です。これを直訳すると「宇宙の物理と数学のカブリ研究所」となります。ところが、この名前をつけるにあたっては、「Mathematics of the Universe（宇宙の数学）」という言葉は英語としてありうるのか、という議論になりました。

そこで調査したところ、ステファン・ホーキングとジョージ・エリスの書いた一般相対性理論の名著

『時空間の大域構造』(未邦訳)について、英国の数理物理学者ロジャー・ペンローズが科学雑誌『ネイチャー』に寄稿した書評の題名が、まさしく「Mathematics of the Universe」でした。

アインシュタインの一般相対性理論はまさに、二〇世紀の宇宙の数学でした。また、一七世紀の宇宙の数学はといえば、力学と重力理論の基礎としてニュートンが開発した微積分であったことに異論はないでしょう。

これと同じ意味で私は、二一世紀の宇宙の数学は超弦理論になると思っています。

古代ギリシアのユークリッドが『原論』を点の定義から始めてから二三〇〇年の間、幾何学は「点」を基礎に考えられてきました。一次元に拡がった「弦」を基本単位とする超弦理論は、幾何学の分野を根本的に変革する可能性があります。数学者によっては「数の概念の、実数から複素数への拡張に匹敵するインパクトを持つ」と考えている人もいます。

そもそも、素粒子論や超弦理論の新しい発展が、既存の数学ですべて理解できるとはかぎりません。研究をしながら、新しい数学をつくっていくことも必要になるでしょう。そして、このような研究から新しい数学分野が開けていくこともあります。たとえば、私たちの開発した「トポロジカルな弦理論」の方法が、現在では世界各地の数学教室で盛んに研究されているのも、そのためだと思います。

第9章 空間は幻想である

SUPERSTRING

私たちは習慣によって、甘味があったり、苦味があったり、熱かったり、冷たかったり、色があったりすると思うが、現実に存在するのは原子と真空だけである

古代ギリシアの哲学者デモクリトスは、物質の味や温度や色は基本的な性質ではなく、ミクロな世界のより根源的な法則から導かれるものであると主張しました。これは、前章の最後でお話ししたマクスウェルやボルツマンの温度の理解と本質的に同じものです。

デモクリトスの著作は、残念ながら、ほとんど残っていません。ここに引用した文は、彼が書き

残したとされる「知性」と「感覚」の対話の、「知性」の発言の部分です。これに対し、「感覚」は次のように答えています。

「知性」君、そんな馬鹿なことがあるものか。
君は私を通じて証拠を集めるのに、私をないがしろにするというのか。

私たちの感覚が、味や温度や色を感じることができるのは確かなことです。しかし、これらは、分子や原子の集まりの中から現れてくる性質であり、私たちは習慣によってあるように感じているが、実は幻想にすぎない。デモクリトスが予言したように、ミクロな世界で「現実に存在するのは原子と真空だけ」なのです。

ウィッテンの「双対性のウェブ」に始まる第二次超弦理論革命は、空間そのものも、味や温度や色のように、何かより根源的なものから現れてくる性質であることを明らかにしました。色や温度が幻想であるのなら、私たちが生きているこの空間も単なる幻想なのでしょうか。

一〇次元空間に現れる五次元の物体

五種類の超弦理論を理解する統一的なビジョンをもたらしたウィッテンの「双対性のウェブ」は、超弦理論における「弦」の意味を考え直すきっかけにもなりました。

超弦理論という名前を持つ理論ですから、そもそも一次元に拡がった弦に基づいた理論として考えられたのです。ところが、ウィッテンによると、この理論にはほかのものも含まれている。たとえば、IIA型の超弦理論で、力の強さを表す結合定数を大きくしていくと、一〇次元空間の超重力理論になって、そこには一次元の弦ではなく、二次元の膜がありました。

それだけではありません。前章で、一〇次元空間の超重力理論の方程式を解くと、二次元の膜が解として見つかるという話をしましたが、よく調べてみるともう一つ重要な解がありました。膜の解は質量の分布が二次元方向に拡がったものですが、もう一つ、五次元方向に拡がっている解もあったのです。

一〇次元空間の理論には、二次元の膜と、五次元の物体が現れる。こうした解が出てくるのは、一〇次元空間の中では、二次元のものと五次元のものが相性がよいからです。その理由を簡単に説明しましょう。

たとえば、私たちの三次元空間の中で点粒子が移動すると、その軌跡は一次元の曲線を描きます。そこに別な粒子が現れると、その軌跡も一次元の曲線になります。そして三次元空間の中では、二本の曲線は絡みつくことができます。

しかし、曲線が絡みつくことができるのは、空間が三次元のときに限られます。もし空間が四次元なら、絡みついている曲線のどちらかを四番目の次元の方向にずらしてやれば、ほどけてしまうのです。

このように、高次元の空間では二本の曲線が絡みつくことはできません。しかし、曲線ではなく、もっと次元の高いものを考えれば、高次元であっても絡みつくことができます。たとえば四次元空間では、一次元の曲線どうしは絡みつくことはできませんが、一次元の曲線と二次元の膜なら絡みつくことができます。空間の次元が三次元から四次元に一つ上がったら、絡みつこうとするものの次元の合計も一つ上げて二次元から三次元にしてやれば、四次元空間の中で絡みつくことができるのです。

では、一〇次元空間の超重力理論ではどうなるでしょう。空間が三次元から一〇次元になると、次元が七つ増えます。三次元空間で絡みつくことができる曲線二本は合計で二次元でしたから、これに七を足します。つまり一〇次元空間では合計で九次元になるものなら、絡みつくことができるわけです。一〇次元空間には二次元の膜がありました。膜の軌跡は三次元です。すると、六次元の軌跡を描くものなら、三と六を足して九次元となり、絡みつきます。六次元の軌跡を描くものとは、「五次元に拡がったもの」です。したがって一〇次元空間の中では、二次元の膜と、五次元に拡がったものが絡みつくことができるのです。一〇次元空間の超重力理論の解として、二次元に拡がった膜と、五次元に拡がった物体が現れた理由はここにあります。

「主役」を降ろされた弦

ここで、一〇次元空間を円を使って九次元空間にコンパクト化した、ⅡA型の超弦理論について考えてみます。

前章で、一〇次元空間の膜をコンパクト化する円に巻きつけると、九次元空間では一次元に拡がった弦になると書きました。これが超弦理論にもともとあった弦になります。しかし、膜には必ず円に巻きつかなければいけないという「義理」はないのです。円に巻きつかなければ、膜は九次元方向に、二次元のまま拡がっていることになります。すると、ⅡA型の超弦理論にも二次元の膜が存在することになります。

それだけではありません。一〇次元空間には五次元に拡がったものもあります。これがコンパクト化の円に巻きつくと、九次元空間では四次元に拡がったものになります。しかし、これにもやはり巻きつかなくてはいけない義理はなく、巻きつかなければ九次元空間でも五次元に拡がったままで存在することになります。

九次元空間のⅡA型超弦理論と一〇次元空間の超重力理論とが同等であるというウィッテンの主張を信じると、ⅡA型の超弦理論にはこのように、一次元に拡がった弦だけではなく、二次元、四次元、五次元など、さまざまな次元に拡がった物体があることになります。

同様に、双対性のウェブによると、ⅡB型の超弦理論にも、さまざまな次元の物体が現れることになります。

「超弦理論の研究をしている」と人に言うと、なぜ物質の基本単位は一次元の弦でなければいけないのか、二次元の面や、三次元の立体ではいけないのかと聞かれることがあります。一九九五年以前には、このような質問をされると、「物質の基本単位を拡がったものとして考える試みとして、うまくいっているのは弦しかない」と答えていました。

しかし、ウィッテンの発見によって、弦を基礎とする理論だと思われた超弦理論に、さまざまな次元に拡がった物体が現れることがわかりました。こうなると、もはや弦は超弦理論の主役とはいえません。弦とは、物質の基本単位がさまざまな次元に拡がったものの一つにすぎない。ウィッテンの「双対性のウェブ」は、弦の「降格人事」になったのです。

ただしウィッテンの発見以前から、超弦理論の運動方程式を解くと、さまざまな次元に拡がった解が見つかることは知られていました。ウィッテンより前に二次元の膜を考えていたパイオニアの一人であるタウンゼントは、二次元に拡がっているものは英語で「メンブレーン」（＝膜）

と呼ぶことから二番目の音節「ブレーン」を使って、ゼロ次元の点は「0－ブレーン」、1次元の弦は「1－ブレーン」、2次元の膜は「2－ブレーン」、三次元に拡がった立体は「3－ブレーン」…と呼びました（図9－1）。つまり、p次元（pは0、1、2、…といった次元を表す整数）に拡がっているものを「p－ブレーン」と名づけたのです。

タウンゼントは、これら「p－ブレーン」が超弦理論で重要になることを予見していました。そして、超弦理論を理解するためには、これらをすべて同等に扱って研究しなければいけないとして「p－ブレーン民主主義」を提唱しました。

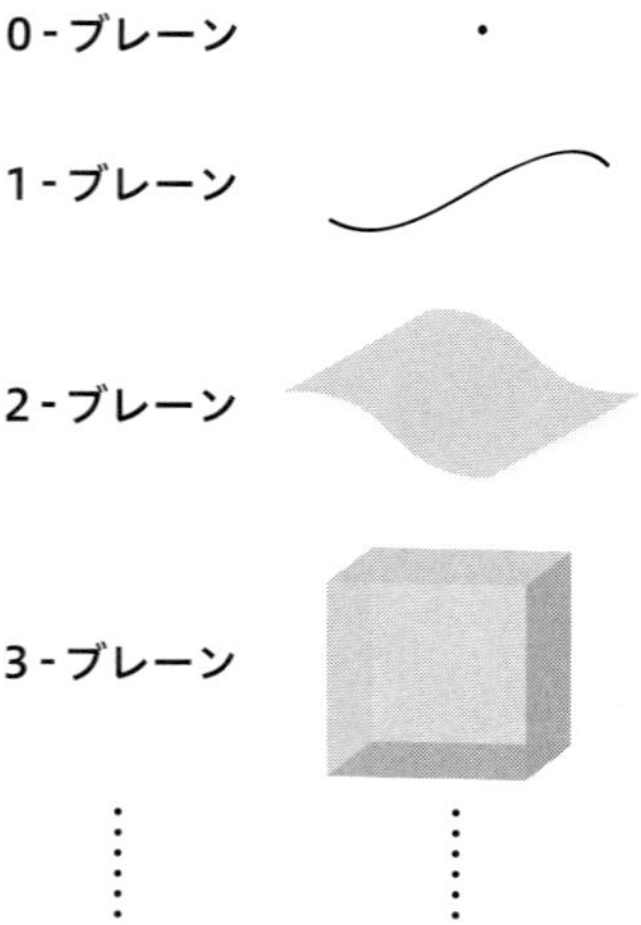

図9－1　p次元とp－ブレーン
拡がりのない点は？
→0－ブレーン
1次元に拡がった弦は？
→1－ブレーン
2次元に拡がった膜は？
→2－ブレーン
3次元に拡がった立体は？
→3－ブレーン
p次元に拡がったものは？
→p－ブレーン

弦による独裁ではなく、すべてのブレーンによる民主主義を！

これがタウンゼントのスローガンでした。

ちなみに英語で「ピー（pea）」は「豆」のことなので、綴りは違いますが、「ピー・ブレーン」と読むと「豆頭＝お馬鹿さん」と聞こえます。すると「p - ブレーン民主主義」とは「お馬鹿さんの民主主義」、つまり「衆愚政治」ということになってしまいます。英国流の屈折したユーモアだったのでしょう。

開いた弦が張りついたDブレーン

超弦理論は一九七〇年代の初めから研究されてきていたので、一九九五年の第二次超弦理論革命までの二五年の間に、さまざまな計算技術が開発されていました。たとえば、第7章で紹介した「トポロジカルな弦理論」もそのような計算技術の例です。

ところが、さまざまな次元に拡がったブレーンについての計算技術は、あまり進んでいませんでした。これでは「p - ブレーン民主主義」を実現することができません。

この問題を解決したのが、カリフォルニア大学サンタバーバラ校のジョセフ・ポルチンスキーです。彼は、超弦理論の分野で以前から指摘されていたあるアイデアが、ブレーンの計算に使えることに気づきました。

そのアイデアとは、「開いた弦」に関するものです。

超弦理論の「五つの化身」の一つであるI型は、閉じた弦と開いた弦の理論です。開いた弦には両端、つまり「端点」がありますが、I型の超弦理論によれば、それは九次元空間のどこにあってもかまいません。開いた弦は、九次元空間の中を自由に飛び回ることができると考えられていました。

ところが、開いた弦の性質をよく調べてみると、端点がそれとは違う動き方をする可能性が見つかったのです。たとえば九次元空間の中に一次元の曲線を考えて、端点がこの曲線の上だけを動く弦を考えることができる。二次元の面を考えて、端点が面の上だけを動く弦を考えることもできる。端点が九次元空間を勝手に飛び回るのではなく、その動ける場所を制限しても、理論的にはなんら矛盾が起きないことがわかったのです。

しかし、それが何を意味しているのかは、誰にもわかりませんでした。そのように運動する弦を考える必要があるとは思えなかったのです。

開いた弦の端点の動き方に、いくつも選択肢があるというのは、物理学者にとっては違和感のある話でした。物理学者の多くは「美しい理論があるのなら、それが存在する意味があるはずだ」と考えるものです。開いた弦の端点の動きに選択肢があることは一九八〇年代の終わり頃から知られていましたが、九次元空間の中に二次元の面などを考え、開いた弦の端点がその上だけを動きまわれるようにしたところでいったい何になるのか、見当もつかなかったため、物理学者たちは居心地の悪い思いをしながら、その存在を無視していたのです。

しかし、わずかながら、こうした選択肢の存在理由を解明することにこだわり続ける人もいました。そのひとりがポルチンスキーだったのです。彼は一九九五年のウィッテンの大発見によって超弦理論の「ブレーン」の重要性が誰の目にも明らかになったとき、この選択肢がブレーンの理解に使えることに気がつきました。

図9－2
ジョセフ・ポルチンスキー
(1954-)

たとえばⅡA型の超弦理論にあるとされる二次元に拡がった膜、タウンゼントの「p－ブレーン」でいうところの「2－ブレーン」を考えてみましょう。膜が九次元空間を運動すると、その軌跡は三次元です。ポルチンスキーは、開いた弦の端点は、この三次元の軌跡の上を動き回っているのだと考えました。ⅡA型の超弦理論にはもともと閉じた弦しか

図9－3　Dブレーンがあると、閉じた弦が切り開かれて、開いた弦になる。開いた弦の端点はDブレーンに張りつく

ありませんが、そこに二次元の膜があると、閉じていた弦が膜で切り開かれて、開いた弦になり、その端点が膜の軌跡に張りついた状態になる。このようにして現れた「開いた弦」の端点は、膜の軌跡の上だけしか動きまわれないというのです（図9－3）。

弦の端点が存在できるのは、二次元の膜の上だけではありません。ポルチンスキーは、さまざまなp－ブレーンの軌跡の上に、開いた弦の端点が存在できると考えました。そして、このように開いた弦の端点が張りつくブレーンのことを、「Dブレーン」と名づけました。「D」とは、一九世紀の数学者グスタフ・ディリクレの頭文字です。

このDブレーンに張りついた開いた弦を使えば、ブレーンのさまざまな性質が説明できる——それがポルチンスキーの提案でした。

弦は復活した

すでに述べたとおり、点や弦ではなく、二次元の膜を物質の基本単位とするアイデアは、一〇次元空間の超重力理論を研究していた英国のタウンゼントらによって、一九八七年に提案されていました。しかし、これが英国を中心とするローカルなテーマにとどまっていたのは、その膜を使った計算をする方法がなかったからです。計算で具体的に何かを説明できなければ、どんなアイデアでも説得力はありません。

この問題を解決したのが、Dブレーンでした。Dブレーンの軌跡に張りついた「開いた弦」を使えば、ブレーンの性質が解明できるというポルチンスキーの提案からたった数ヵ月後に、彼の予想通り、ある謎解きにDブレーンは大活躍し、その威力が明らかになったのです（そのくわしい話は次の節でします）。

結果から先にいえば、Dブレーンによって、タウンゼントの夢見た「p-ブレーン民主主義」は実現しました。しかし、そこで主役になったのは「開いた弦」でした。すべてのブレーンが平等に扱われるようになったと思いきや、ブレーンに関する計算をするためには、やはり弦が必要だったのです。フランス革命でルイ一六世が処刑されたあと、ナポレオンのクーデターを経て、弟のルイ一八世によって王政が復古したように、第二次超弦理論革命によって主役の座から引きずり降ろされた弦が、Dブレーンの発見によって「開いた弦」として返り咲いたのです。

ちなみに、ポルチンスキーがDブレーンのアイデアを思いつき、それがうまくいくことを確認するための重要な計算をしたのは、日本に滞在していたときだったそうです。ウィッテンの衝撃的な発表から数ヵ月後、ポルチンスキーは京都大学の基礎物理学研究所で開かれた国際会議に呼ばれ、京都に一週間ほど滞在しました。その間、たまった洗濯物をコインランドリーに持っていき、洗濯が終わるのを待つ間に計算をして、求めていた答えを得たのです。紙と鉛筆さえあればどこでも研究できる理論物理学者らしい逸話といえるでしょう。

開いた弦は「ブラックホールの分子」だった!

では、Dブレーンと開いた弦の活躍についてお話ししましょう。

第2章でブラックホールについて述べたときに、ブラックホールの周りには「事象の地平線」というものがあるという話をしました。その内側に入ると光ですら外に脱出することはできない、この事象の地平線があるために、ブラックホールは不思議な性質を持ちます。たとえば、スティーヴン・ホーキングが発見したことで知られる「ブラックホールの蒸発」があります。これについてはすでに拙著『重力とは何か』(幻冬舎新書)でくわしく解説したので、ここではごく簡単に紹介しておきます。

光すら脱出できないので、ブラックホールは「真っ黒」であると考えられていました。しかし、ホーキングが量子力学の効果も含めて計算したところ、ブラックホールは熱を持っていて、蒸発していくことがわかりました。暗黒であるはずの天体に「温度」があるというのです。

すると、一九世紀のマクスウェルやボルツマンが温度をミクロな世界の分子の運動として説明したように、ブラックホールの温度も何か、より基本的なものの運動として説明できるのではないかという疑問が生じてきました。気体が分子からできているように、ブラックホールにも分子のようなものがあるのではないか、と。

図9－4　ステファン・ウィリアム・ホーキング（1942-）

この「ブラックホールの分子」の有力候補として予想されたものこそ、ポルチンスキーが考えた、Dブレーンに張りついた開いた弦でした。そして、彼がDブレーンを発表してから数ヵ月後には、この開いた弦を使ってブラックホールの温度が説明できるようになったのです。

そもそも超弦理論に二次元の膜や高次元の

ブレーンがあるはずだと考えられたのは、超弦理論の方程式を解くと、さまざまな次元の空間に拡がったブラックホールの解が見つかったからでした。三次元空間のアインシュタイン方程式を解いて得られるシュワルツシルトのブラックホール解では、質量がある一つの「点」に集中し、それを囲むように事象の地平線が現れます。九次元空間の超弦理論で同じように方程式を解くと、質量が二次元方向、三次元方向などに拡がって分布しているブラックホール解も見つかり、それらを囲むように事象の地平線が現れます。これが「2－ブレーン」「3－ブレーン」でした。つまりp－ブレーンとは、ブラックホールがp次元方向に拡がったものであり、したがって温度や「事象の地平線」を持っているのです。

Dブレーンを使って、ブラックホールすなわちp－ブレーンの温度を理解する最初の手がかりを得たのは、当時ポルチンスキーと同じサンタバーバラにいたアンドリュー・ストロミンジャーと、トポロジカルな弦理論の研究に私と取り組んだハーバード大学のバッファでした。

彼らは量子ゆらぎが小さいという特別な状況のもとで、Dブレーンに張りついた開いた弦を使って、ホーキングの計算から予想されるブラックホールの温度の起源を説明することに成功しました。マクスウェルやボルツマンが温度をミクロな世界の分子の運動として説明したように、ブラックホールの温度が、開いた弦の運動によって説明できたのです。つまり、開いた弦は「ブラックホールの分子」だったのです。

そもそも超弦理論は、点粒子にもとづいた理論では解決できなかった重力と量子力学の統合を、一次元に拡がった弦を使うことで達成しようというプログラムでした。ですから、理論としてつじつまが合っているだけではなく、重力と量子力学にまつわる謎を解くことができなければ、その威力を示したことにはなりません。

しかし、第二次超弦理論革命が起きるまでは、理論的な道具立てが足りず、ブラックホールの温度の起源のような、重力の深遠な謎に立ち向かうことができませんでした。私も一般相対性理論の専門家から、「重力と量子力学を統合するといっているが、ブラックホールが説明できないようでは超弦理論は役に立たないではないか」と言われたこともあります。

ポルチンスキーのDブレーンは、この壁を突き破る道具になりました。これまで、どのように考えるべきかさえわからなかった問題を、開いた弦の問題に置き換え、超弦理論のまな板の上に載せることができるようになったのです。

私がベルシャドスキー、チェコッティ、バッファらと開発したトポロジカルな弦理論の方法も、ブラックホールの問題に応用できるようになりました。この理論を使うと、量子ゆらぎが大きい場合でも、ホーキングの温度の計算とDブレーンの計算が、うまく一致していることを確かめることができたのです。

事象の地平線は映画のスクリーン

Dブレーンの「ご利益」はそれだけではありませんでした。重力や空間についての、私たちの考えを変えてしまうような大発見にまでつながったのです。

ブラックホールは事象の地平線に囲まれています。その中には、空間があるはずです。そして、その空間にはさまざまな粒子が閉じ込められているはずです。繰り返しますが、マクスウェルやボルツマンが温度というものを三次元空間の中の分子の運動として理解したように、ブラックホールの温度を理解しようとしたら、事象の地平線の内側に閉じ込められている粒子の運動を調べるのが自然です。

ところが、ポルチンスキーのDブレーンでは、「ブラックホールの分子」であることがわかった開いた弦の端点は、事象の地平線の内側ではなく、表面に張りついているのです。これはどういうことでしょうか。

また、先にも述べたように、ブラックホールとはII型の超弦理論のp-ブレーンがp次元方向に拡がったものです。II型の超弦理論には、そもそも「閉じた弦」しかありません。なのに、ブラックホールの分子は「開いた弦」であるというのも、不思議な話です。

これらは、次のようにして理解することができます。

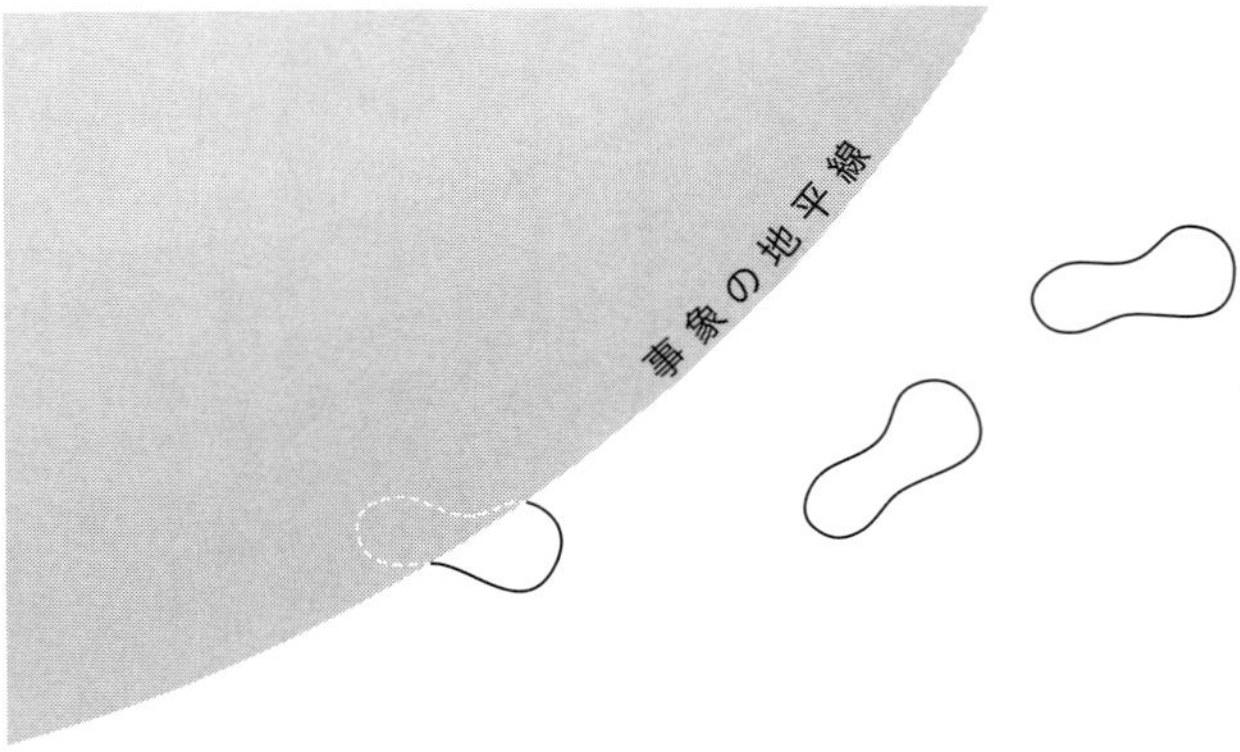

図9－5　「閉じた弦」が「開いた弦」に見える
Ⅱ型の超弦理論には閉じた弦しかない。しかし閉じた弦がブラックホールの事象の地平線を横切ろうとすると、その内側は外からは見えないので、開いた弦が事象の地平線に張りついたように見える

Ⅱ型の超弦理論の閉じた弦は、事象の地平線の外にあるかぎり、遠くから見ている私たちにはその全体が見えるはずです。ところが、この弦が事象の地平線を横切ろうとすると、私たちに見えるのは、地平線の外側にある部分だけです(図9－5)。これはあたかも、端点がDブレーンのように事象の地平線に張りついた「開いた弦」のように見えるでしょう。これが、開いた弦が事象の地平線の内部ではなく、表面に張りついている理由です。

そして、ストロミンジャーやバッファらが考えたように、この事象の地平線に張りついた開いた弦によって、ブラックホールの性質が説明できるのです。つま

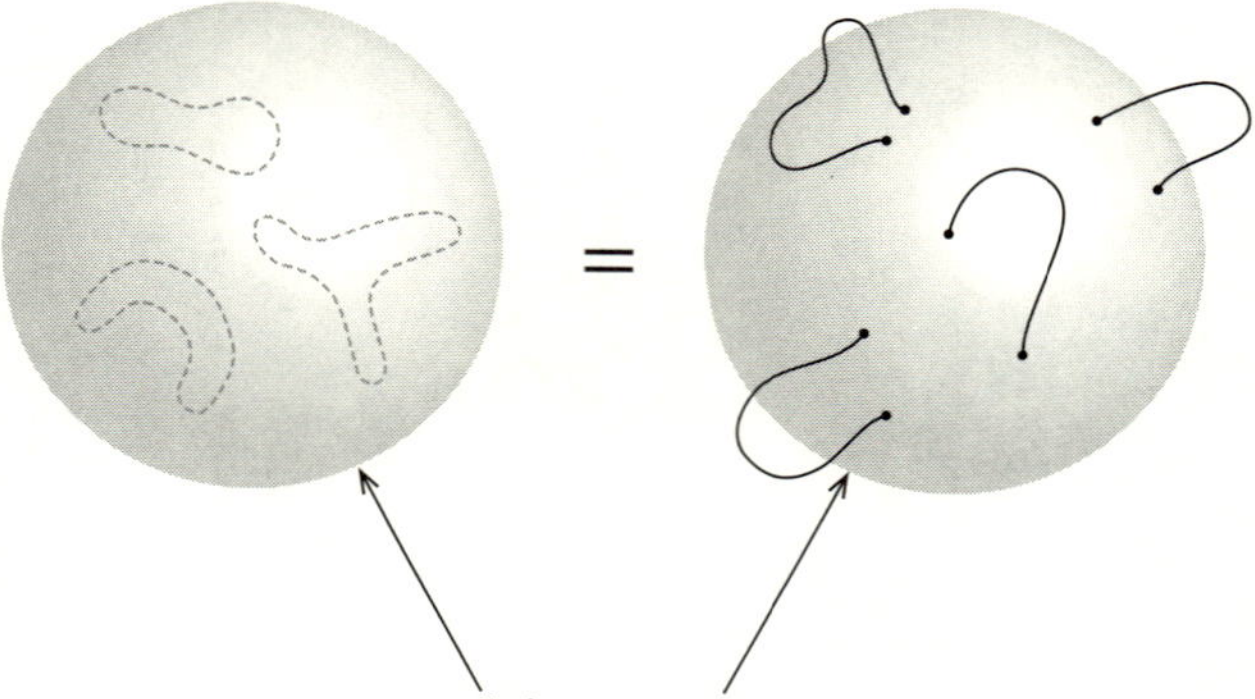

図9－6　「ブラックホールの分子」は開いた弦
ブラックホールの内部の様子は、事象の地平線に張りついた開いた弦によって理解できる

りブラックホールの分子は、ブラックホールの内部ではなく、表面にあるのです。

　ところが、もう一つ不思議なことがあります。重力を伝える重力子は、超弦理論においては閉じた弦の振動として現れるはずです。これが米谷、シェルク、シュワルツが一九七四年に発見した事実でした。しかし、開いた弦には重力子は含まれていません。つまり事象の地平線に張りついた分子の世界には、重力が働いていないのです。

　ブラックホールの内部の様子は、事象の地平線に張りついた開いた弦を使って理解できる。しかも、開いた弦の中には重力子は含まれていない。この奇妙な事実から、新しい発想が生まれました。

ブラックホールの内部で起きていることは、その表面を見るだけですべて理解できる。という考え方です。事象の地平線は映画のスクリーンのようなもので、そこに映し出された情報だけで、ブラックホールの内部のことをすべて説明できてしまうというのです（図９－６）。

重力のホログラフィー

ブラックホールの事象の地平線の内部の性質を、その表面に張りついた開いた弦だけで説明できるという事実。その対応関係を数学的にきちんとした形にしたのが、アルゼンチン出身の理論物理学者ファン・マルダセナでした。彼は事象の地平線の近くで起きている現象から、本質的な内容を抜き出したのです。

図９－７
ファン・マーティン・マルダセナ
（1968-）

マルダセナの発見を例をあげて説明しましょう。対応関係ですから、二つのものを比較します。その一方は、九次元空間のⅡB型超弦理論。もう一方は、三次元空間の場の量子論です。

超弦理論のほうには「反ドジッター空間」

というものを使いますが、それがどのようなものであるかはここでは重要ではありません。ⅡB型超弦理論ですから、もちろん閉じた弦の理論で、重力も含まれています。

一方、これに対応する三次元空間の場の量子論のほうには、重力は含まれていません。

つまり、三次元空間の重力を含まない理論によって、九次元空間における重力理論がすべて説明できる。これが、Dブレーンの働きから、マルダセナが抽出した対応関係でした（反ドジッター空間は英語ではAnti-de Sitter Spaceと書かれて「AdS空間」と略され、三次元の場の量子論はConformal Field Theory、略してCFTと呼ばれる種類の理論なので、マルダセナの対応は「AdS／CFT対応」とも呼ばれています）。

九次元やら三次元やらが出てきて、わかりにくいかもしれないので〔九次元／三次元〕の組を〔三次元／二次元〕の組で置き換えた、たとえ話をしましょう。

あなたがいま、部屋の中でこの本を読んでいるとします。そこには当然、重力が働いているでしょう。つまり、あなたの経験しているのは三次元空間の中の重力を含む現象です。ここにマルダセナの対応をあてはめると、このあなたの経験は、その部屋の壁や天井や床、つまり部屋を囲む二次元面に投影して表現することができるということになります。しかも、三次元の部屋の中には重力が働いていますが、それを投影した二次元の壁や天井には、重力は働いていないというのです。

このマルダセナの対応は、第二次超弦理論革命以前に、トフーフト（強い力と弱い力のくりこみの方法を開発してノーベル賞を受賞した物理学者）とサスキンド（第3章でも登場した弦理論の創始者の一人）が提唱していたアイデアを、精密にしたものでした。彼らは重力と量子力学の統合について深く考え、ある空間における重力現象は、その空間の果てに設置されたスクリーンに投影され、スクリーンの上の現象として理解できると予想しました。たとえば、三次元空間の重力現象が、その二次元世界の現象としてできる。しかも、二次元世界の現象には重力は含まれていないと考えたのです。

この考え方は、三次元の立体像を二次元の平面上に記録した干渉縞によって再現する「ホログラム」という光学の用語を借用して、「重力のホログラフィー原理」と名づけられました。

空間は幻想である

ブラックホールの温度は、ホーキングがおこなったように重力の理論を使っても計算できますし、ストロミンジャーとバッファがおこなったように事象の地平線の上の重力を含まない理論によっても計算できます。前者は重力を含んでおり、後者は重力を含んでいないのに、同じ答えを与えるのです。マルダセナの対応は、ホーキングの計算と、ストロミンジャー－バッファの計算の関係を精密に検討することから発見されました。

マルダセナの主張は、九次元空間の超弦理論が、三次元空間の場の量子論と同等であるというものです。「同等である」とは、物理的な現象を説明するために、どちらの理論を使って計算しても、同じ答えが出るということです。これは驚くべきことでしょう。なにしろ前者は重力を含んでいるのに、後者は重力を含んでいません。しかも、次元がまったく違うのです。

ニュートンの力学では、役者が登場する前のお芝居の舞台のように、空間はあらかじめ存在するものと考えられていました。物質とは、設定された舞台（空間）の中で演技をする役者のようなものであるというわけです。

ところが、アインシュタインの一般相対性理論によって、空間は物理現象の起こる単なる入れ物ではなく、その中での重力の働き方と深く関わっていることが明らかになりました。とはいえアインシュタインの理論でも、空間が基本的な概念であることは変わりません。とくに次元というものは、理論を決めるためにはあらかじめ設定しておかなければならないものでした。

しかし、ウィッテンの「双対性のウェブ」では、九次元空間の超弦理論で、弦の間に働く力の強さを表す結合定数を変えていくと、一〇次元空間の超重力理論になってしまいました。まるで、固体である氷の温度をあげていくと、融けて液体の水になってしまうように、結合定数を変えるだけで、空間の次元が増減するのです。

さらに、マルダセナの対応では、重力を含む九次元空間の理論と、重力を含まない三次元空間の理論が、まったく同等ということになりました。次元の異なる理論を使って計算しても同じ答えになるというのでは、空間というものは、そもそも何だったのだろうと思えてきます。すでに何度も説明したように「温度」というものは、分子の運動から現れる二次的な概念でした。基礎理論の段階では存在しないので、私たちの幻想であるといってもよいでしょう。それと同様に、超弦理論の発展は、「空間」も基礎的なものではなく、二次的な概念であることを明らかにしたのです。

九次元空間のⅡA型超弦理論の結合定数を大きくしていくと一〇次元空間の超重力理論になるということは、新たに加わった一次元は、九次元空間の弦の運動から現れてきたものと考えることができます。分子の運動から温度が現れてきたように、弦の運動から新たな空間が生まれてきたのです。

マルダセナの対応でも、三次元の空間の中で粒子と反粒子がペアで生成したり消滅したりする効果を計算すると、新たに六次元が現れて、全部で九次元のⅡB型超弦理論になることがわかります。三次元空間の場の量子論には、弦も、重力も、含まれていません。ところが、この理論は、九次元空間の超弦理論と同等である。とすると、三次元空間につけ加わった六次元の空間も本質的なものではなく、三次元空間での場の量子論の計算から現れる二次的な概念にすぎないということになります。

第3章で「弦は何からできているのか」と尋ねられるという話をしました。そのときは、「まずは弦がすべてのものの基本単位であるとして、話を進めましょう」と書きましたが、マルダセナの対応まで進むと、弦どころか、それが運動している空間さえも、何かより基本的なものから現れてくるというのです。

もちろん、私たちの日常生活では、温度というのは便利な概念です。私たちの世界では近似的に意味がある。それと同様に空間も、ある近似の範囲では意味がある。重力を感じることもできる。しかし、ミクロな世界の基礎理論までいくと、温度も、空間も、その中に働く重力も、本質的なものではない。すべては、マクロな世界の私たちが感じているだけの幻想なのです。

検証された予言

三次元空間の場の量子論と九次元空間の超弦理論のように、空間の次元も、重力の有無も異なる理論が等しいというマルダセナの対応は、突拍子もないものに思われるかもしれません。しかし、マルダセナの提案から現在までの一六年の間に、この対応はさまざまな方面から検討され、理論的に確かなものとして認められるようになりました。いまでは、マルダセナの対応を含む重力のホログラフィー原理が、素粒子論の主流として位置づけられるまでになっています。

その証拠の一つとして、彼の論文の引用件数をあげておきましょう。素粒子物理学の分野ではつい最近まで、もっとも引用件数の多い論文は、電磁気力と弱い力を統一する「ワインバーグ－サラム模型」を提案したスティーブン・ワインバーグの一九六七年の論文であるとされてきました。この論文はノーベル物理学賞の授賞対象にもなっています。ところが二〇一〇年に、マルダセナの論文がワインバーグの論文を抜いて、引用件数の歴代第一位になったのです。

二〇一二年に集計された引用件数では、マルダセナの論文の引用は八五四四件。これだけ多くの論文に検討されつくしても、その内容の正しさは揺らぎませんでした。

その年の引用件数歴代第二位はワインバーグの論文で、七一六一件。第三位は、これもまたノーベル物理学賞の授賞対象となった小林誠と益川敏英の「CPの破れ」についての論文で六三五一件。第四位は、ウィッテンがマルダセナの対応をわかりやすく解釈し、それを使った計算方法を開発した論文で、五七六〇件でした。つまり歴代の第一位と第四位が、マルダセナの対応についての論文だったのです。

ちなみに私の最も引用件数の高い論文はこれまで約三〇〇〇件引用されていますが、この論文も重力のホログラフィー原理に関するものです。

マルダセナの対応に代表される重力のホログラフィー原理が広く認められるようになったのは、この理論が思いがけないかたちで、理論物理学のさまざまな問題に応用されるようになったからでもあります。

重力を含む理論と含まない理論が同等であるとするホログラフィー原理の応用には、二つの方向があります。

一つは、重力と量子力学の統合に関係する深遠な問題の解明です。たとえばホーキングが指摘したブラックホールの謎を、重力を含まない理論に翻訳することで、解決することができるようになったことです。この謎は先に述べたストロミンジャーとバッファの仕事で部分的には以前から解決していたのですが、重力のホログラフィー原理を使うと、計算するまでもなく、自然な帰結として問題が片づいてしまうのです。

ホログラフィー原理のもう一つの応用は、重力を含まない場の量子論の問題を解く計算技術の開発です。重力を含まなくても、技術的に解決が難しい問題はたくさんあります。ホログラフィー原理を使うことで、こうした問題を重力理論に翻訳し、アインシュタインが確立した幾何学的な方法で解くことが可能になったのです。

その例として、「クォーク・グルーオン・プラズマ」の性質についてお話ししましょう。

二〇〇五年四月、ニューヨーク州ロングアイランドのブルックヘブン国立研究所は、粒子加速器を使った「重イオン衝突実験」で、陽子や中性子の中のクォークが解放されてプラズマの状態になる「クォーク・グルーオン・プラズマ」をつくりだしたと発表しました。このプラズマは宇宙初期の物質の状態を再現したものであると考えられているのですが、実際につくってみると、それが驚くべき性質を持っていることがわかりました。流体の「粘り気」を示す量である粘性がほとんどなく、サラサラした、いわゆる「完全流体」だったのです。

クォークの間にはきわめて強い力が働いています。それがプラズマになると粘性を失うのは、実に意外なことでした。しかもその粘性は、これまで地球上で見つかったどんな物質よりも低いものでした。

ところが、この実験結果が発表される一年前に、この現象は、重力のホログラフィー原理を使って予言されていました。クォーク・グルーオン・プラズマをつくる実験が、超弦理論の予言の検証になったのです。そのためブルックヘブン国立研究所の記者会見では、米国エネルギー省のレイモンド・オーバック次官がこんな談話を発表しています。

「超弦理論と重イオン衝突実験との関係はまったく思いもかけず、心が躍る」

重力のホログラフィー原理を使って計算された粘性の値は、CERNのLHCにおける最新の実験でも高い精度で検証されています。物理学は理論的な予言を実験で検証し、実験で見つかった新事実を理論的に説明することで進歩しますから、これは大きな前進といえます。

空間は何から現れるのか

しかし、マルダセナの発見によってもまだ、空間について完全な理解に到達したわけではありません。空間が基本的なものではないことは明らかです。たとえば、一〇次元空間の超重力理論を、二次元空間の重力を含まない理論や、五次元空間の重力を含まない理論と関係づけることができることもわかっています。しかし、こうしたさまざまな理論の間の関係を束ねる統一原理は、いまだ解明されていません。

重力があったり、なかったりする理論が、ウェブのような関係で結びついているのですが、その中のどれか一つの理論が基本になっているとは考えられません。その背後には、何かより根源的な理論があって、そこからこれらの理論のウェブが現れてくるのだと期待されるのですが、それが何なのかは、いまだにわかっていないのです。

本章の最初に、デモクリトスの言葉を引用しました。これを超弦理論にあてはめると、次のようになるでしょう。

私たちは習慣によって、
重力があったり、
次元があったり、
空間があったりすると思うが、
現実に存在するのは……

この「……」にあてはめるべき言葉を私たちはまだ知りません。重力や、次元や、空間が幻想であることは確かですが、それらが何から現れてきているのかについて、根源的な理解には達していないのです。それを明らかにすることは、これからの大きな課題です。超弦理論はまだまだ発展途上の理論なのです。

Column

オー、マルダセナ！

超弦理論の分野では、毎年「ストリングス」と呼ばれる国際会議が開かれています。第二次超弦理論革命の発端となったウィッテンの講演がおこなわれたのも、一九九五年に開かれたストリングス'95でした。私も毎年のように招待講演をさせていただいているので、超弦理論コミュニティへのお返しのつもりで、これまで二回、会議の組織委員もしています。

最初に組織委員になったのは、一九九八年にカリフォルニア州のサンタバーバラで開かれたストリングス'98のときでした。

カリフォルニア大学のサンタバーバラ校には全米科学財団の資金で運営されているカブリ理論物理学研究所があります。研究所に「カブリ」の名前が冠されているのは、東京大学のカブリ数物連携宇宙研究機構と同様に、カブリ財団からの寄付を受けているからです。ちなみに、私のカリフォルニア工科大学の職は「カブリ冠教授」と呼ばれていますが、これもカブリ財団の寄付によって設立された教授職です。

私は一九九八年の一月から六月までの半年間、このサンタバーバラの研究所で超弦理論のワークショップを主催し、その締めくくりとしてストリングスを開催しました。

サンタバーバラでの超弦理論ワークショップを提案し計画したときには、一九九五年の第二次超弦理論革命の総括をする予定でした。ところが、ワークショップが始まる数ヵ月前にマルダセナの対応が発見されたので、ワークショップの話題も「重力のホログラフィー原理」一色になりました。毎日熱心な議論がなされ、参加者の共同研究から新しい計算技術が次々に開発され、これまでとても手の届かなかった問題もどんどん解けるようになったのです。ワークショップは大成功でした。

このワークショップでは、セミナーのビデオをウェブページで配信しました。現在ではどこの研究所でも当たり前におこなわれていますが、私の分野では、これが初めての試みだったと思います。世界各地の研究所でサンタバーバラのセミナーをライブで視聴していたようで、セミナー中に質問が電子メールで舞い込んでくることもありました。

ワークショップの最後に開かれたストリングス'98でも、招待講演の半分以上がマルダセナの対応についてでした。それほどまでに、超弦理論の学会を席巻した発見だったのです。

会議の晩餐会のスピーチを、ヘテロティック弦理論を発見した四人組のひとり、現在はシカゴ大学教授のジェフリー・ハーベイにお願いしたところ、スピーチの代わりに、替え歌を披露してくれました。当時、スペイン人デュオのロス・デル・リオが歌う「恋のマカレナ」が世界的な大ヒットとなり、それにあわせて踊る「マカレナ・ダンス」も流行していました。ハーベイが歌ったのは、その替え歌「マルダセナ！」です。

ブレーンからはじめよう　ブレーンはＢＰＳ
ブレーンに近づくと　空間はＡｄＳ
なんのことやら　さっぱりわからん
オー、マルダセナ！

何百人もの超弦理論研究者が、この替え歌に合わせてマカレナ・ダンスを踊り、ニューヨーク・タイムズ紙は、「ダンスの新次元：考える人々のマカレナ」と報じました。

第10章 時間は幻想か

SUPERSTRING

実在の物体は、みんな、四つの次元にひろがりを持っているはずだ。
縦、横、高さ、それと——持続時間さ。
……
時間と空間の三次元の間には、
われわれの意識が時間に沿って移行するという点以外には、
何らの差がないんだ。

ハーバード・ジョージ・ウェルズのSF小説の古典『タイムマシン』（角川文庫）の最初の章では、タイムトラベラーが自宅の応接間に友人を集め、このように時空について語りはじめます。
ウェルズのこの小説が出版されたのは一八九五年のことでした。当時、アインシュタインはスイス連邦工科大学の入学試験に失敗して浪人中。彼が特殊相対性理論を発表するのは、まだ一〇年も先のことでした。

もちろん、時間と空間を組み合わせた四次元の時空間の概念が、ウェルズの創見とは考えられません。時間と空間は独立なものではないという考え方は、一九世紀末には知識人の間で広く議論されていたのでしょう。もちろん、そのアイデアを、時間や空間が伸び縮みするという特殊相対性理論にまで高めたのは、アインシュタインの独創でした。しかしウェルズの小説は、アインシュタインのような天才の発想も時代精神とも無縁ではないことを示しているようです。

前章では、温度の概念が分子の運動から現れてくるように、空間自身も弦の運動から現れてくるものにすぎないという話をしました。ウェルズがいうように「時間と空間の三次元の間には、われわれの意識が時間に沿って移行するという点以外には、何らの差がない」とすると、時間も何かより根源的なものから現れる二次的な概念のように思えてきます。

空間が幻想だとすると、時間も幻想なのでしょうか。

空間とは何か

ウィッテンの「双対性のウェブ」は、空間の次元には、変化するプロセスがあることを示しました。また、マルダセナの対応によって、同じ現象でも見方によって空間の次元が変わることがわかりました。

では、そもそも空間とは何なのでしょうか。これまで物理学の立場から考えてきたので、数学者に意見を聞いてみました。

私「空間とは何ですか」
数学者「集合の一種です」

数学者に質問をすると、よくこのように木で鼻をくくったような対応をされます。集合とは物の集まりのことです。数学では、空間とは点の集まりなので、集合の一種なのは確かです。だから間違った答えではないのですが、これではあまりにも漠然としています。

私「空間とは、どのような種類の集合なのですか」

数学者「近いものと遠いものの区別がつくような集合です」

実際、数学で空間を定義するときの要点は、二つの点の間が近いか遠いかを区別することです。近いということは、関係が強いということであり、遠いということは、関係が弱いということです。空間とは「関係性のネットワーク」であるということもできます。

すると空間の次元とは、ネットワークの拡がり方のことだということになります。

人が一列、つまり一次元に並んでいる状態を考えてみます。この場合、列の中で直接話をすることができるのは、すぐ前の人か、すぐ後ろの人の二人だけです。では、人が二次元に拡がっていたらどうでしょう。たとえば小学校の朝礼のように校庭で整列していると、前後の人のほかに、左右の人とも話ができます。つまり四人です。もし、縦横高さの三次元に拡がって整列できたとすると、前後左右のほかに上下の人とも話ができるので、全部で六人になります。このように、次元を上げていくと、関係をつけられる人の数が増えてくるのです。

しかし、状況によっては、もっと多くの人と話ができることもあります。私たちは三次元の空間に住んでいますが、インターネットのおかげで、地球上の七〇億の人々のほとんどが、直接つながることができるようになりました。次元とは関係のネットワークがどのように拡がっているかの指標だとすると、状況によって次元が変化することも、あってもよいように思えてきます。

双対性のウェブやマルダセナの対応は、次元の異なる状況が関係することを示すことで、空間の概念が不変なものではないことを明らかにしました。しかし、さまざまな次元の理論を束ねる統一原理は、いまだ確立されていません。この意味で、時空概念の第三の革命は完結したとはいえません。さらに、もう一つ大きな問題があります。

時間についての疑問です。

時間は幻想か

アインシュタインの特殊相対性理論や一般相対性理論では、一次元の時間と三次元の空間を別々なものと考えず、これをあわせて四次元の時空間として考えます。空間と時間は独立なものでないのなら、そして空間が幻想なら、時間も幻想なのでしょうか。

私たちは、一次元の直線のような時間の中を、過去から未来に、一つの方向に進んでいるように感じています。空間では、自分の意思で違う場所に行くことができますが、タイムトラベラーでもなければ、時間を行ったり来たりすることはできません。

しかし、この時間の感覚も幻想なのかもしれません。

第3章でも述べたように、人間は大昔から「上下」を特別な方向と感じていました。すべての物は、上から下に落ちようとする。アリストテレスはこれを、上下の方向には本質的な意味があるからだと考えました。

しかし、上下が特別な方向であると感じるのは、地球があって、私たちに重力を及ぼしているからでした。宇宙空間まで行けば、上下などという概念は消え去ります。そこには本質的な意味などないのです。

では、過去から未来への一方向に進むという時間の概念に、本質的な意味はあるでしょうか。物理学であれ、化学や生物学であれ、自然科学の基礎には「因果律《いんがりつ》」という考え方があります。ある瞬間の状態を知っていれば、未来に起こることは自然法則によってすべて予言できる。過去の状態も現在の状態から導き出せるという主張です。ある時刻の状態によって過去も未来もすべて決まってしまうのなら、過去や未来は、現在と独立に存在してはいないことになります。

このような過去と現在、未来の区別についての疑問は、アインシュタインの特殊相対性理論によってより尖鋭化されます。

特殊相対性理論によると、ある観測者から見て同時に起きている二つの現象でも、違う観測者からは別々の時間に起きていると見えることがある。たとえば私が時速五〇キロメートルの山手線に乗っているときに、車両の前後の扉が同時に開き、それぞれから車掌が現れたとします。しかし、これを車両の外から見ている人がいるとすると、その人には前後の扉は同時に開いたようには見えません。山手線に使われているE231系電車の車両の長さはおよそ二〇メートルなの

図10－1　電車に乗っていたら車両の前後の扉が同時に開いて、車掌が入ってきた。しかし電車の外からは、これが同時に起きたようには見えない。特殊相対性理論ではこのように「同時性」が観測のしかたによって変わる

で、前（進行方向）の扉のほうが、開くのが三〇兆分の一秒ほど遅れるのです（図10－1）。ほんのわずかな遅れですが、過去と現在、未来の区別が観測者によって異なることをこれは示しています。

　過去は失われ、未来はまだ存在しない。存在しているのは現在だけである、という考え方があります。しかし、この考え方は特殊相対性理論とは相容れません。観測者によって「現在」の解釈が違うなら過去も未来も、現在と同じ意味で存在していなければならないはずです。

　さらに、重力のしくみについて考えると、時間はそもそも存在できないとさえ思えてきます。

　アインシュタインの一般相対性理論で

は、重力は空間や時間の伸び縮みで伝わります。その基本原理は、物理的に観測できる量は、空間や時間の測り方によって変わらないという考え方です。

私たち物理学者は、ある時間に物理的状態があって、それが物理学の法則によって時間発展をしていくと考えます。ニュートンの力学法則も、マクスウェルの電磁気の方程式も、素粒子の標準模型の方程式も、ある時間に与えられた状態が、時間軸に沿って発展していくという形で表現することができます。

しかし、一般相対性理論は、物理的状態が時間の測り方によらないことを要求します。たとえば、あなたがいま読み終えた文章を、私は米国西海岸夏時間で西暦二〇一三年五月二九日の午後九時三二分一六秒に書き終えました。しかし、これはたまたまカリフォルニアにある私の書斎の壁にかかった時計で測った時間にすぎません。一般相対性理論では、物理状態は時間の測り方によらないので、どんな時間の測り方をしても私の状態は同じでなければなりません。これをアインシュタインの重力方程式を使って表現すると、私の状態は、時間が進んでも変化しないということになります。私が時間発展をしていると感じている――たとえば、あれから二四七文字書き進みました――のは、一般相対性理論によると、私の幻想なのかもしれません。

アインシュタイン自身、過去と現在、未来の区別はないと考えていました。一九五五年の四月に亡くなるアインシュタインは、その一ヵ月前に、スイス工科大学の学生だった頃からの親友であるミッシェル・ベッソーの訃報に接し、ベッソーの家族に次のような弔文を送りました。

「ベッソーは、この奇妙な世界から、私より少し先んじて旅立った。
それには、何の意味もない。
私たちのような物理学の信奉者は、
過去と現在、未来の区別は、
ぬぐいがたい幻想に過ぎないことを知っているのだ」

なぜ時間には「向き」があるのか

しかし、時間の本質は、このような哲学的考察だけでわかるものではありません。

「空間は幻想である」という重力のホログラフィー原理は、ブラックホールについての研究から明らかになりました。ブラックホールの謎を解決するためには、「空間とは何か」を深く考える必要があったからです。しかし、これまでの超弦理論の研究からは、空間と同じように時間が現れたり消えたりする例は見つかっていません。

「空間とは何か」の理解にブラックホールの研究が役に立ったのなら、「時間とは何か」を理解するためには、何を研究すればよいのでしょうか。

私は、それは「宇宙の始まり」だと思っています。宇宙はどのようにして始まったのか、というのは本書の最初に掲げた疑問の一つですが、これは「時間の始まり」についての問いでもあります。宇宙に始まりがあったとすると、それ「以前」には時間もなかったことになります。では、宇宙の始まりに、時間はどのようにして生まれたのでしょうか。

宇宙の始まりと、時間の性質が深くかかわる問題として、時間の向きについての疑問がありま す。私たちは、過去から未来に進んでいるように感じていますが、私たちがふだん経験する世界を説明する法則は、時間の方向を選びません。自然界の法則にしたがってある現象が起きているとき、それをビデオに撮って逆回しに見ても、同じ法則にしたがった現象のように見えます。つまり、自然法則には過去と未来に対称性があるのです（ミクロな世界の法則では時間の方向を反転すると対称性は破れますが、反転するときにパリティによって右と左を入れ替え、粒子と反粒子も入れ替えることにすれば、やはり対称になります）。

では、どうして、私たちは時間が決まった方向に進んでいるように感じるのでしょうか。私たちは、明日何が起こるのかを知りません。きのうの予定を立てる人もいません。時間には、なぜ向きがあるのか。過去と未来の非対称性は、何が原因なのか。

基本法則の段階では過去と未来に対称性があっても、現実の現象でそれが破れることがあります。たとえば、コーヒーカップを床に落として粉々になってしまったとき、この現象を記述する

図10－2　粉々になってしまったコーヒーカップ（秩序が低い）は、元どおりの状態（秩序が高い）になることはない

法則は時間の方向を逆転させても成り立つので、床の上で粉々になっている破片が突然飛び上がって集まり、元どおりのコーヒーカップになるという現象があってもよさそうなものです（図10－2）。しかし、そのようなことは起きません。現象のレベルでは、過去と未来の対称性は破れているのです。

それは、破片となって床に落ちている状態に比べて、割れる前のコーヒーカップは秩序が高い状態にあるからです。秩序が高い状態から低い状態になる現象は確率的に起きやすいのですが、逆の現象は起きにくいのです。

この宇宙全体でも、時間には向きがあります。ビッグバンのあと、宇宙は膨張して冷えてきて、その間に銀河ができ、星ができ、地球ができて、その上に人類が誕生しました。

この時間の向きを説明するひとつの考え方は、宇宙の始まりが秩序の高い状態であったというものです。高い秩序で始まった宇宙が、秩序を失っていくプロセスなのだと考えれば、時間に向きがあるのもうなずけます。宇宙の歴史とは、コーヒーカップが床に落ちて、粉々に割れてしまう過程のようなものなのかもしれません。

「上下」に本質的な意味はないように、時間の向きも、時間に本質的に備わった性質ではなく、宇宙の始まりがたまたま秩序の高い状態だったからなのでしょうか。しかし、これは、なぜ時間には向きがあるのか？　という質問を、なぜ宇宙の始まりが秩序の高い状態にあったのか？　という質問に置き換えたにすぎません。

それに、宇宙の始まりは秩序が高かったというのは、考えてみれば不思議なことです。初期宇宙は高温で高密度の状態にあり、素粒子がランダムに運動していました。むしろ、まったく無秩序の状態だったと考えるほうが自然なのです。時間の向きを説明するには秩序が高い状態を考えなければならないとしたら、その根拠となる理論が必要になります。それは重力と量子力学とを統合した理論であり、そこに超弦理論が活躍できる場があると考えられているのです。

超弦理論のこれまでの研究は、九次元空間のコンパクト化のような、時間的に変化しない現象に集中してきました。しかし、宇宙の始まりの問題に超弦理論を応用しようとすると、超弦理論において時間がどのように扱われるべきかについて、深く考える必要があります。それは時間についてのさまざまな謎を解く契機にもなるはずです。

宇宙の始まりを知っている重力波とニュートリノ

幸いにして、宇宙の始まりの状態を直接観測する技術はここ一〇年ほどで大きく進みました。たとえば二〇一三年三月には、プランク衛星による観測結果の第一回の発表がありました（図10－3）。プランク衛星は、ビッグバンの残り火とされる宇宙全体に満ちたマイクロ波、いわゆる「宇宙マイクロ波背景輻射《ふくしゃ》」のゆらぎを精密に観測するものです。そのデータの解析によって、宇宙の年齢が一三八億年であると決まりました。三〇年ほど前には天文学者によって二倍も違っていた宇宙の年齢の推定値が、有効数字三桁で決まったことは大きな進歩です。

また、プランク衛星の観測のおかげで、本書の第1章で登場した宇宙の暗黒物質や暗黒エネルギーの正確な量もわかるようになりました。

プランク衛星チームはさらに、宇宙マイクロ波背景輻射の偏光についてもデータ解析を進めています。ビッグバン以前に、宇宙が指数関数的に膨張したインフレーションの時代があったという予想があり、背景輻射の偏光はそれについて重要な情報を担っていると考えられています。チームの次回発表の内容によっては、この予想が正しいかどうかがわかるかもしれないと、私も含め多くの研究者が期待しながら待っています（本書の再校を校正中に、南極のアムンゼン－スコ

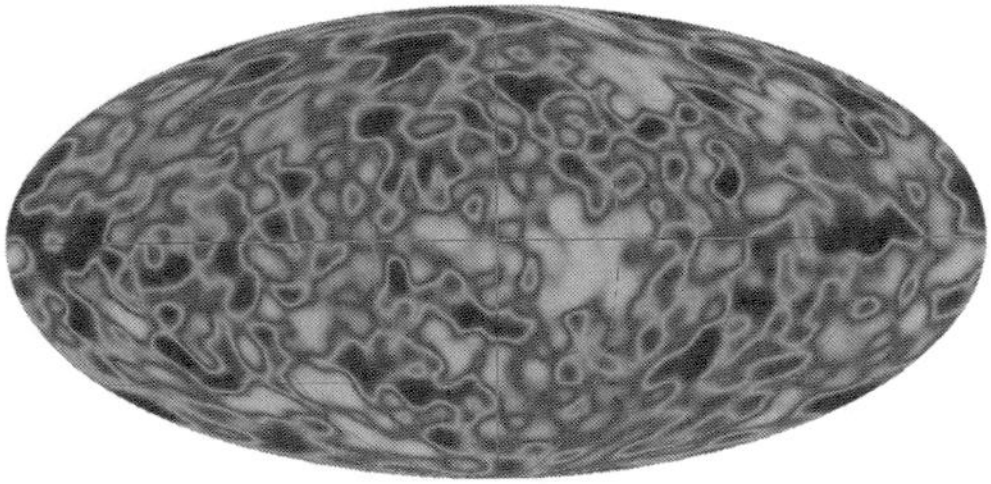

COBE実験：1992年４月発表（2006年ノーベル物理学賞）

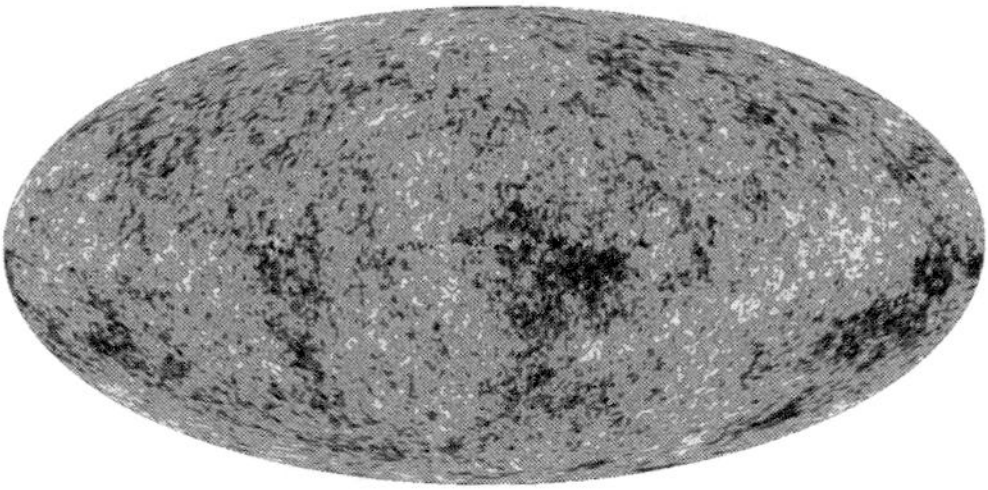

WMAP実験：2003年２月発表

プランク実験：2013年３月発表

図10－３　**宇宙マイクロ波背景輻射の観測技術の進歩**
上：COBE実験によって背景輻射のゆらぎを初めて確認
中：WMAP実験でゆらぎの定量的な測定が可能に。宇宙の暗黒エネルギーの存在とその値を決定
下：プランク実験でゆらぎのより精密な測定が可能に

ット基地にある南極点望遠鏡が、背景輻射の偏光を観測したとの報告がありました。この偏光は初期宇宙に生じたものではなく、その後に形成された銀河などの重力によって背景輻射の伝わり方が変化したものですが、初期宇宙の現象を起源とする偏光の観測に向けた重要なステップです。今後数年の間に、背景輻射の偏光の観測によって初期宇宙の理解が大きく進むと期待されます)。

初期宇宙のインフレーションのような状態は、超弦理論の基本原理から導けるのか。導けた場合はどのような予言ができるのか。こうした問題はいま、盛んに研究されています。素粒子論に標準模型があるように、宇宙論にもさまざまな理論模型があります。そのなかで、どのようなものが超弦理論から導けるのかを判定する方法がわかれば、超弦理論の検証も進むはずです。私自身、ハーバード大学のバッファとの共同研究などを通じて、超弦理論からの宇宙論模型にどのような制限がつくかという研究を進めています。

しかし、プランク衛星が観測しているのは、宇宙が誕生してからすでに三八万年も経ってからの姿です。宇宙の初期には電子が原子核から分離したプラズマが満ちあふれている時代がありました。電子や原子核は電荷を持っているので、その中では電磁波や光はまっすぐに進むことはできません。宇宙が膨張して、温度が下がり、電子が原子核と組み合わさって中性の原子になって、ようやく宇宙は「晴れ上がった」のです。宇宙が晴れ上がり、透明になって、光がまっすぐ進めるようになったのが、宇宙誕生から三八万年後なのです。それ以前のことは、電磁波や光を使った観測では、どうしても見ることができません。ですから、宇宙マイクロ波背景輻射の観測を使ったインフレーション宇宙論の検証も、あくまでも間接的なものになります。

ただし、三八万年以前の宇宙を直接見る方法がないわけではありません。電磁場の波である電磁波ではなく、重力の波である「重力波」を使う方法です。

重力は、どのようなものを使ってもさえぎることはできません。重力波は宇宙初期の電子や原子核のプラズマさえも突き抜けて伝わるはずです。ならば宇宙誕生直後の重力波も、宇宙のあらゆる方向から地球に届いているはずです。これを捕まえることができれば、私たちは宇宙誕生の瞬間を見ることができるかもしれません。

重力波の観測については、カリフォルニア工科大学とMITの共同プロジェクトである「LIGO」や、日本の「KAGRA」、また、ヨーロッパでもイタリアの「VIRGO」やドイツの「GEO」の計画が進んでいます。これらの重力波観測機は数キロメートルというサイズなので、ブラックホールなどの天体の発する重力波の観測には便利ですが、宇宙の始まりから届いているはずの重力波を検出するには適していません。

しかし将来的には、人工衛星を使って、宇宙空間で重力波を観測する計画もあります。日本の「DECIGO」計画もその一つで、完成すれば宇宙誕生が見られると期待されています。

宇宙の始まりの状態を知る方法は、もう一つあります。誕生したばかりの宇宙には、ビッグバンで生じたニュートリノという素粒子がたくさん存在していました。この粒子は電気的に中性なので、電子には反応しません。したがって重力波と同様、宇宙がプラズマ状態だったときにも、妨げられずに、まっすぐに飛ぶことができたはずです。

ニュートリノについては、宇宙は三八万年前よりもっと早くに透明になりました。宇宙が誕生してほんの一秒後には、ニュートリノは自由に飛びまわれるようになったと計算されています。そして、そのとき発せられたニュートリノが、現在の宇宙全体に満遍なく広がっているのです。

この「宇宙背景ニュートリノ」を観測できれば、宇宙誕生一秒後の姿が直接見えるはずです。実際、このようなニュートリノが宇宙に遍在していることの間接的な証拠はあります。ただ、エネルギーがきわめて低いため、まだ直接の検出はできていません。超新星爆発で放出されたものを一九八七年に日本のカミオカンデが捕まえたことで、小柴昌俊はノーベル賞を受賞しましたが、あれは高エネルギーで飛んでくるニュートリノだったので反応を見ることができたのです。

ちなみにニュートリノは暗黒物質ではないかと聞かれることがあります。過去には、暗黒物質の候補として考えられたこともありますが、宇宙が膨張して冷えてきたときに物質が集まって銀河ができた様子をうまく説明できないので、暗黒物質の主要な要素ではないとされています。

エネルギーの低い宇宙背景ニュートリノを検出するには、もっと新しいアイデアが必要です。私も研究室から家に帰る道すがら、夜空を見上げながら、どうしたら検出できるかを考えることがあります。みなさんも考えてみませんか。

超弦理論の挑戦は続く

超弦理論は、素粒子物理学における究極の統一理論の候補です。しかし、まだ実験や観測によって十分に検証されていないので、自然の法則として確立しているわけではありません。

一般に、物理学の基礎理論が実証されるまでには、しばしば長い時間がかかるものです。たとえばニュートンの万有引力の法則は、キャベンディッシュの精密な実験で検証されるまで、およそ一〇〇年もかかりました。アインシュタインの$E=mc^2$も、コッククロフトとウォルトンによる実験で検証されたのは、発表から二七年後のことです。二〇一二年にＣＥＲＮで発見されたヒッグス粒子の存在が理論的に予言されたのは、半世紀前の一九六四年でした。

しかし、現在進められている実験や観測が、超弦理論の検証につながる可能性は大いにあります。さらに人工衛星を使った重力波検出が実現すれば、超弦理論が実験や観測と本格的に対峙することができるようになるでしょう。私たち理論の研究者も、新しい計算技術を開発し、超弦理論の予言能力を高めることで、実験や観測に示唆を与えられるように努力しています。

超弦理論が自然の基本法則として確立されるかどうかは、検証を待たねばなりません。しかし現状では、重力と量子力学を含み、数学的につじつまが合った唯一の理論です。

◇ 重力と量子力学を統合すると何が起きるのか
◇ 素粒子の標準模型は、そのような理論からどのようにして導けるのか
◇ そのような理論では、ブラックホールの謎はどのように解かれるのか
◇ 宇宙の始まりのような問題に、どのようにアプローチしたらよいのか
◇ 時間や空間の本性は何か

このような根源的な問題に、超弦理論は数学的につじつまが合った枠組みの中で考える術《すべ》を与えてくれます。超弦理論の研究から得られる、重力や量子力学に関する深い理解は、仮にこの理論が自然の法則として採用されなかったとしても、生き残るものが多いはずです。

たとえば「重力のホログラフィー原理」は、マルダセナの対応から一六年を経て研究が進んだ結果、超弦理論に限らず、重力と量子力学を含むつじつまが合った理論なら、どのようなものにも成り立たなければならない、と理解されるようになりました。

「時間は幻想か」などという思弁的な問題も、超弦理論を通して突きつめて考えると、宇宙の始まりやその進化の理解に役に立つようになるはずです。

研究が始まってから四〇年、いまや空間やそこで働く重力についての考え方にも大きな影響を

与えている超弦理論の発展はどこまで続くのでしょうか。難しくなりすぎているのではないか、そもそも究極の統一理論の発見など、人知を超えた目標ではないかと心配する向きもあります。

しかし、私は、この分野は今後さらに力強く進むと思っています。

そう思う根拠のひとつは、学生が大学院に入学してから超弦理論の論文を書けるようになるまでの年数が、私が大学院生だった三〇年前も現在も、変わっていないことです。この三〇年間で超弦理論は大きく進歩しました。当然ながら、若い研究者が自前の論文を書くまでに学ぶべきことは、昔よりも大幅に増えています。にもかかわらず、新入学した学生は以前と同じ年数で、この分野の最前線に出ることができています。それは理論についての私たちの理解が深まったために、若い人々がこれまでの成果を効率的に学べるようになったからでもありますが、超弦理論の研究が、まだまだ人間の知力の限界に突きあたっていない証拠でもあると私は思います。もし限界に近づいているのなら、学生が最先端に追いつくのにはどんどん時間がかかるようになるはずです。いまのところそうした兆候は見られないので、さらなる進歩が期待できるのです。

古代ローマの哲学者で詩人のティトゥス・ルクレティウス・カルスは、叙事詩『物の本質について』（岩波文庫）の第五巻で、さまざまなものの起源を議論しています。なかでも次の一節は、「神話」に拠らないで宇宙に起源があることを主張した、おそらく最古の記録でしょう。その考え方は、現在のビッグバン理論にも通じるものがあります。

彼は、宇宙に誕生の起源がなく、過去が永遠のものであるなら、トロイ滅亡以前の歴史の記録もあるはずである。それらはどこに消えてしまったのかと問いかけて、こう記しています。

然《しか》し、私の思うところでは、宇宙は新しく、世界は未だ若く、生れ出たのがさほど古くはないからである。

だからこそ、今に至るも未だに或る種の学芸は進歩をたどり、今になお発展を見ているのだ。

自然界のもっとも基本的な法則を理解する――このように野心的な目標を掲げる超弦理論は、「未だ若く、生れ出たのがさほど古くはない」といえます。

自然界の基本法則の探究は、この広い宇宙における私たちの存在する意味について、深く考える機会を与えてくれます。私は重力のホログラフィー原理を理解したときに、それまでの世界観が覆されるような経験をしました。超弦理論には、まだわからないことがたくさんあります。それは研究者にとっては、挑戦すべき問題がたくさんあるということでもあります。空間とは何か、時間とは何かを見極めるための私たちの旅は続きます。この分野のさらなる発展にご注目ください。

あとがき

ブルーバックスは今年で創刊五〇周年ということで、私とはほぼ同い年です。私は小学校高学年の頃、都筑卓司さんが当時著されたばかりの相対性理論や量子力学、統計物理学の本を読んで物理学に興味を持つようになりました。そのため物理学の研究を職業にするようになってからは、いつかはブルーバックスで自分の研究のことを書きたいと思っていました。

この一年の間に、重力の世界についての『重力とは何か』、素粒子の世界についての『強い力と弱い力』という二冊の新書を幻冬舎から上梓しました。本書のテーマはこの二つの世界を統合する超弦理論であり、これをブルーバックスから出版できたことで長年の望みがかないました。

超弦理論はいまだ実験的検証を受けていないので、「これを科学といえるのか」という疑問を投げかけられることがあります。そのようなときにしばしば援引されるのは、カール・ポパーがその著書『科学的発見の論理』で科学と非科学の境界線とした「反証可能性」です。超弦理論に反証可能性はあるのか、というわけです。しかし、ポパーが「非科学的」と批判したのはマルクスの歴史学やフロイトの心理学のように、いかなる仮想的な実験を考えても反証できそうにないと彼が判断した理論だったので、超弦理論とは状況が異なります。

自然科学の現場にいる者としては、科学の方法とは、次のような手続きだと考えます。

一、この世界を説明するあらゆる可能な仮説を考える
二、この世界で起きている現象についてのデータを集める
三、仮説の中から、データにもっともよく合うものを選ぶ

超弦理論は重力現象についてのデータと、素粒子現象についてのデータのどちらとも適合する唯一の仮説です。この二つを矛盾なく組み合わせる方法を何十年にもわたって探究し、考えられる選択肢を順番に潰していった結果として残った理論です。科学とはアイデアの自由市場であり、力強いアイデア、美しいアイデアが研究者を集め、伸びていきます。本書では、このような研究の現場の活気をお伝えすることもめざしました。

本書の表紙は、書名がブルーバックス創刊五〇年にして初めての「縦書き」になっています。原稿の完成後、「超弦理論のような物理学の最先端でも、日本語の力で、ここまで深く解説できるということを象徴したい」という編集部の意向でこうなりました。タイトルの意気込みに負けない本になったかどうかについては、読者の判断を仰ぎます。

前二作に続き、本書でも編集にご協力くださった岡田仁志さん。ありがとうございました。ブルーバックス出版部の山岸浩史さんには構想の段階からさまざまなアドバイスをいただきました。原稿の推敲・入稿・校了の段階では山岸さんと二人三脚で走りました。原稿を丁寧に読んで有益なコメントをくださった講談社児童図書第二出版部の成清久美子さんにも感謝します。

前二作では、ほとんどのイラストを私が描きました。今回も似顔絵は私が担当しましたが、そのほかの図版は専門の方々にお願いしました。図式を担当された齋藤ひさのさんは、本書の内容をきちんと勉強され、私の細かい注文にも粘り強く対応してくださいました。また、私は小学校の頃から「ブルーバックスといえばピエロのイラスト」というイメージがあったので、斉藤綾一さんに楽しい絵を描いていただけてうれしいです。

この機会に、朝日カルチャーセンター新宿教室の神宮司英子さんにお礼を申し上げます。私は昨年の春から今年の間に、新宿教室で五回講座を開かせていただき、そのときの経験は前二作と本書の執筆に役立ちました。村山斉さんの『宇宙は何でできているのか』（幻冬舎新書）など、新宿教室をきっかけに生まれた優良な科学解説書は数多くあり、神宮司さんは日本の科学アウトリーチにおいて大切な役割を果たしていらっしゃいます。

超弦理論のような基礎科学の研究が可能なのは、国の支援のおかげです。基礎科学の研究者は、各国の納税者への感謝を忘れてはいけないと思います。本書も、その感謝の気持ちで書きました。四〇年前の私がブルーバックスを読んで科学への道を志したように、本書によって、若い世代の方々が科学への興味を高めてくださることを期待します。

二〇一三年七月　第一次超弦理論革命の舞台となったコロラド州アスペン物理学センターにて

大栗博司

【ま行】

【や行】

【ら行】

【わ行】

【アルファベット・数字】

【た行】

【な行】

【は行】

さくいん

【あ行】

【か行】

【さ行】

もう一つの函数を考えてみます。

$$\underline{\zeta}(s)=1-\frac{1}{2^s}+\frac{1}{3^s}-\frac{1}{4^s}+\frac{1}{5^s}+\cdots$$

s の実部が１より大きければ、$\zeta(s)$ も $\underline{\zeta}(s)$ も有限の値になります。このとき中学校の数学を使った導出に倣って、$\underline{\zeta}(s)$ を変形していくと、

$$\begin{aligned}\underline{\zeta}(s)&=1-\frac{1}{2^s}+\frac{1}{3^s}-\frac{1}{4^s}+\frac{1}{5^s}+\cdots\\&=1+\frac{1}{2^s}+\frac{1}{3^s}+\frac{1}{4^s}+\frac{1}{5^s}+\cdots\\&\quad-2\left(\frac{1}{2^s}+\frac{1}{4^s}+\frac{1}{6^s}+\cdots\right)\\&=(1-2^{1-s})\,\zeta(s)\end{aligned}$$

となります。この計算は、s の実部が１より大きい限り、数学的に厳密です。一般に、２つの函数の間の関係は、解析接続をしても変わりません。そこで、s の実部が１以下の場合にも、解析接続をした $\zeta(s)$ と $\underline{\zeta}(s)$ の間には、上と同じ関係式が成り立つはずです。この関係式で $s=-1$ とすると、中学校の数学での導出に使われた式になります。

これを見ると、計算は先ほどとまったく同じですが、異なるのは、s の実部が１より大きくて、$\zeta(s)$ と $\underline{\zeta}(s)$ が有限の値になるときに関係式を導いているところです。いったんこれが示されれば、$\zeta(-1)$ と $\underline{\zeta}(-1)$ の関係も解析接続で導かれます。中学校の数学を使った導出で正しい答えになったのはそのためなのです。

付録：オイラーの公式
← P286 からご覧ください

の計算は、17世紀のイタリアの数学者の出題でしたが、当時一流の数学者が次々に挑戦し、失敗しました。出題から1世紀後に、この無限和が$\pi^2/6$に等しいことを発見し、一躍有名になったのが、当時28歳のオイラーでした。

ドイツの数学者ベルンハルト・リーマンは、1859年に発表した論文「与えられた数より小さい素数の個数について」で、この函数$\zeta(s)$の解析接続を考え、$\zeta(s)$の値と$\zeta(1-s)$の値との間の関係を明らかにしました。このリーマンの関係式を使うと、sの実部が1以下の場合にも、$\zeta(s)$の値が計算できるようになりました。そのため、この函数はリーマンのゼータ函数と呼ばれています。

私たちが計算したい$1+2+3+4+5+\cdots$は❹によると$\zeta(-1)$なので、リーマンの関係式を使うと$\zeta(2)$と関係づけられます。そこで、オイラーの出世作である$\zeta(2)=\pi^2/6$を使えば、$\zeta(-1)=-1/12$となるのです。

ちなみに、リーマンが$\zeta(s)$を考えたのは素数の分布を調べるためでした。1859年の論文では、リーマンは$\zeta(s)$の性質について、ひとつの予想を提示しました。このリーマンの予想はいまだに証明されておらず、基礎数学のもっとも重要な課題のひとつとして、ダフィート・ヒルベルトが1900年に出題した23の問題、また、クレイ数学研究所が2000年に出題したミレニアム問題の一つにも選ばれています。

なぜ「中学校の数学による導出」が正しい答えになったのか

中学の数学を使ったオイラーの公式の導出には、無限大の扱いに問題がありました。それでも正しい答えになったのは、次のような理由です。先ほど定義したゼータ函数$\zeta(s)$と似た、

次に、$2+4+6+\cdots=2\times(1+2+3+\cdots)$なので、

$$\begin{aligned}&1-2+3-4+5-6+\cdots\\&=(1+2+3+4+\cdots)-2\times2\times(1+2+3+4+\cdots)\\&=-3\times(1+2+3+4+\cdots)\end{aligned}$$

となります。これが❸式の右辺に等しいというのですから、両辺を-3で割って、

$$1+2+3+4+5+6+7+8+\cdots=-\frac{1}{12}$$

こうして、オイラーの公式❶にたどり着きました。

大学の数学による導出

しかし、この導出は厳密なものではありません。そこで、大学の数学で習う解析接続を使った説明をします。そのあとで、なぜ中学校の数学を使った説明でも正しい答えになったかの種明かしをしましょう。

無限和をきちんと扱うために、複素数sの函数として$\zeta(s)$を考えます。

$$\zeta(s)=1+\frac{1}{2^s}+\frac{1}{3^s}+\frac{1}{4^s}+\frac{1}{5^s}+\cdots \quad\cdots\cdots❹$$

この和は、sの実部が1より大きければ有限の値になります。たとえば、

$$\zeta(2)=1+\frac{1}{2^2}+\frac{1}{3^2}+\frac{1}{4^2}+\frac{1}{5^2}+\cdots$$

$$1+2x+3x^2+4x^3+\cdots=\frac{1}{(1-x)^2}$$

微分を知っている人は、❷式の両辺を x について微分しても同じ式が得られることがわかるでしょう。

ここでオイラーは、$x=-1$ としてみました。これは❷式の前提条件である「$-1<x<1$」をギリギリで破っているので、一種の禁じ手です。しかし、あえて禁じ手を試してみることから見えてくる真実もあります。そこで $x=-1$ とすると、次の式が得られます。

$$1-2+3-4+5-6+\cdots=\frac{1}{4} \quad \cdots\cdots ❸$$

段々に数字の絶対値が大きくなっていきますが、プラス・マイナスの符号があるのでうまく相殺しながら足していくと、1/4 という有限の答えになるのです。数学では、このような操作は「条件収束」と呼ばれています。

この数字の並びを見れば、この計算がめざしていた答えまで、もう一息だとわかるでしょう。この左辺で、マイナスの符号がすべてプラスになれば「$1+2+3+4+5+6+\cdots$」になります。

❸式の左辺では、偶数番目にマイナスの符号がついていますから、それをプラスにすると、引くべき数を足してしまったことになります。そこで、その間違いを正すために、偶数番目の総和を2倍したものを引けば、元に戻るはずです。つまり、

$$\begin{aligned}&1-2+3-4+5-6+\cdots\\&=(1+2+3+4+\cdots)-2\times(2+4+6+\cdots)\end{aligned}$$

の項が残るわけです。つまり、

$$(1-x)(1+x+x^2+x^3+\cdots+x^n)=1-x^{n+1}$$

この式で、$-1<x<1$ だとして n を増やしていくと、右辺の x^{n+1} は小さくなって、n が無限大の極限でゼロになります。したがって、

$$(1-x)(1+x+x^2+x^3+\cdots)=1.$$

ここで、$1+x+x^2+x^3+\cdots$ というのは、x のべき乗を無限べきまで足したという意味です。この式の両辺を$(1-x)$で割ると、このような形になります。

$$1+x+x^2+x^3+\cdots=\frac{1}{1-x} \quad \cdots\cdots❷$$

次に、この式の左辺を2乗してみましょう。

$$(1+x+x^2+x^3+\cdots)(1+x+x^2+x^3+\cdots)$$

順番に展開していくと、x の0乗は1つ、1乗は2つ、2乗は3つ、3乗は4つ……、となっています。つまり、

$$(1+x+x^2+x^3+\cdots)(1+x+x^2+x^3+\cdots)$$
$$=1+2x+3x^2+4x^3+\cdots$$

そこで、❷式の右辺も2乗して、これと等しいとおくと、

Euler's formula

付録：オイラーの公式

$$1+2+3+4+5+6+7+8+\cdots = -\frac{1}{12} \quad \cdots\cdots ❶$$

第４章に登場したこのオイラーの公式は、正の整数を無限個足していくと、どういうわけか負の数になるという驚異的な式です。この式が、どのようにして得られるかを説明しましょう。

中学校レベルと大学レベルの２種類の導出を書きました。

中学校の数学による導出

まずは、中学校の数学でわかる直観的な方法です。アクロバティックな計算をするので、数学的厳密さを気にする方は、「これはちょっと」と思われるかもしれません。そのような方のために、後半で、もう少しきちんとした導出もします。

まず、中学校で習う代数を使うと、次のような等式が成り立つことがわかります。

$$(1-x)(1+x)=1-x^2$$
$$(1-x)(1+x+x^2)=1-x^3$$
$$(1-x)(1+x+x^2+x^3)=1-x^4$$

括弧を開いて順に展開していくと、xの１乗、２乗、３乗がそれぞれプラスとマイナスでキャンセルされるので、左辺の右側の括弧内がn乗で終わっていれば、右辺にはxの$(n+1)$乗

N.D.C.421.1　286p　18cm

ブルーバックス　B-1827

大栗先生《おおぐりせんせい》の超弦理論入門《ちょうげんりろんにゅうもん》

九次元世界にあった究極の理論

2013年 8 月20日　第 1 刷発行
2022年10月 7 日　第18刷発行

著者　大栗博司《おおぐりひろし》
発行者　鈴木章一
発行所　株式会社講談社
〒112-8001 東京都文京区音羽2-12-21
電話　出版　03-5395-3524
販売　03-5395-4415
業務　03-5395-3615

印刷所　（本文印刷）株式会社 新藤慶昌堂
（カバー表紙印刷）信毎書籍印刷 株式会社
製本所　株式会社国宝社

定価はカバーに表示してあります。

ISBN978−4−06−257827−1

発刊のことば

科学をあなたのポケットに

二十世紀最大の特色は、それが科学時代であるということです。科学は日に日に進歩を続け、止まるところを知りません。ひと昔前の夢物語もどんどん現実化しており、今やわれわれの生活のすべてが、科学によってゆり動かされているといっても過言ではないでしょう。

そのような背景を考えれば、学者や学生はもちろん、産業人も、セールスマンも、ジャーナリストも、家庭の主婦も、みんなが科学を知らなければ、時代の流れに逆らうことになるでしょう。

ブルーバックス発刊の意義と必然性はそこにあります。このシリーズは、読む人に科学的に物を考える習慣と、科学的に物を見る目を養っていただくことを最大の目標にしています。そのためには、単に原理や法則の解説に終始するのではなくて、政治や経済など、社会科学や人文科学にも関連させて、広い視野から問題を追究していきます。科学はむずかしいという先入観を改める表現と構成、それも類書にないブルーバックスの特色であると信じます。

一九六三年九月

野間省一